AF389127

GÉOMÉTRIE

COURS MOYEN

N° 190

EXTRAIT DU CATALOGUE

Lecture.

Livre-tableau, format in-plano et tableaux de lecture.
Syllabaire, in-18.
Premier livre de lecture, in-18.
Vie de N.-S. Jésus-Christ, in-18.
Devoirs du Chrétien, in-12.
Lectures courantes, Cours élémentaire et moyen, 2 vol. in-12.
Lect. instructives (manuscrit), in-12.

Langue française.

Abrégé de Grammaire, in-18.
Grammaire française, in-12.
Cours élém. d'Orthographe, in-12.
Cours interméd. d'Orthogr., in-12.
Cours d'Analyse, in-12.
Exercices orthogr., 2 vol. in-12.
Leçons de langue française : Cours élémentaire, moyen et supérieur, 3 vol. in-12.

Hist. sainte et Hist. de France.

Petite Histoire sainte, in-18.
Histoire sainte illustrée, Cours élémentaire et moyen, 2 vol. in-12.
Histoire sainte, Cours supérieur, in-12.
Histoire sainte et Histoire de France, in-18.
Histoire de France illustrée : Cours préparatoire, élémentaire, moyen, supérieur, 4 vol. in-12.

Chronologie de l'Histoire de France, in-12.

Géographie.

Géographie : Cours élém., moyen, supér., 3 vol. (in-18, in-16, in-12).
Géographie-Atlas : Cours préparatoire, élémentaire, moyen et supérieur, 4 vol. in-4°.
Atlas B, C, D, E, in-4°, contenant 30, 50, 100, 150 cartes.

Mathématiques.

Petite Arithmétique, in-18.
Abrégé d'Arithmétique, in-18.
Exercices de Calcul, in-18.
Recueil de Problèmes, in-18.
Petit Système métrique, in-18.
Les fractions, in-18.
Traité d'Arithmétique décim., in-12.
Arithmétique, Cours élém., in-12; moyen, in-16; et supérieur, in-12.
Recueil de Problèmes, in-12.
Géométrie : Cours élémentaire, moyen et supérieur, 3 vol. in-12.
Manuel d'Arpentage, in-12.
Éléments d'Arithmétique, d'Algèbre, de Géométrie, de Trigonométrie, de Géométrie descriptive, de Cosmographie, de Mécanique, 7 vol. in-12.
Tables de logarithmes, in-12.

COLLECTION D'OUVRAGES CLASSIQUES

RÉDIGÉS EN COURS GRADUÉS

CONFORMÉMENT AUX PROGRAMMES OFFICIELS

GÉOMÉTRIE

COURS MOYEN

PAR UNE RÉUNION DE PROFESSEURS

TOURS

MAISON A. MAME & FILS

IMPRIMEURS-ÉDITEURS

PARIS

J. DE GIGORD

RUE CASSETTE, 15

ET CHEZ LES PRINCIPAUX LIBRAIRES

1921

GÉOMÉTRIE

COURS MOYEN

INTRODUCTION

DÉFINITIONS PRÉLIMINAIRES

§ 1. — Objet de la Géométrie.

1. *La Géométrie* est la science de l'étendue.

L'*étendue* d'un corps est la portion de l'espace occupée par ce corps.

EXEMPLE : Le trou ou le vide qui se forme dans un mur, quand on retire une brique, représente l'espace ou l'étendue de cette brique.

Dans l'étendue d'un corps, on considère trois *dimensions*, savoir : la *longueur*, la *largeur* et la *hauteur*.

La largeur s'appelle quelquefois *épaisseur*, la hauteur s'appelle aussi *profondeur*.

Étendue d'une brique.

Fig. 1.

Ainsi on dit : la largeur d'un fossé, l'épaisseur d'un mur, la hauteur d'une tour, la profondeur d'un puits.

2. Un *volume* est l'étendue considérée sous trois dimensions.

EXEMPLE : un bloc de pierre.

Une *surface* est l'étendue considérée sous deux dimensions.

Bloc de pierre.

Fig. 2.

C'est la surface que l'on peint sur un mur, sur un tableau.

Une *ligne* est l'étendue considérée sous une seule dimension.

EXEMPLE : la longueur d'une corde, la largeur d'une route, la hauteur d'un mur.

Point. Fig. 3.

Un *point* est l'intersection de deux lignes.

§ II. — Ligne.

3. La *ligne droite* est le plus court chemin d'un point à un autre.

Un fil bien tendu nous en offre l'image.

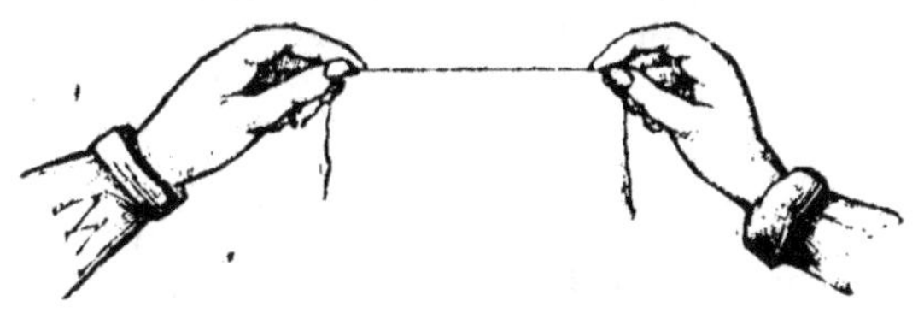

Ligne droite.
Fig. 4.

On *désigne une ligne droite* par deux lettres placées à ses extrémités. Ainsi on dit : la ligne droite AB.

A — B

Fig. 5.

4. *D'un point à un autre, on ne peut mener qu'une seule ligne droite.*

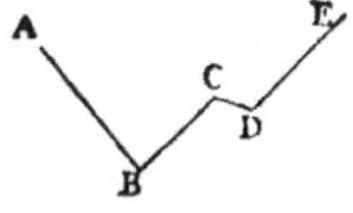

Ligne brisée.
Fig. 6.

5. Une *ligne brisée* ou *polygonale* est une ligne formée par plusieurs droites différentes.

EXEMPLE : La ligne ABCDE est une ligne brisée.

6. Une *ligne courbe* est une ligne qui n'est droite en aucune de ses parties.

EXEMPLES : La ligne EFGH est une ligne courbe.
Un fil non tendu représente une ligne courbe.

Ligne courbe.   Ligne courbe.

Fig. 7.

7. On appelle *ligne convexe* une ligne qui ne peut être rencontrée en plus de deux points par une ligne droite.

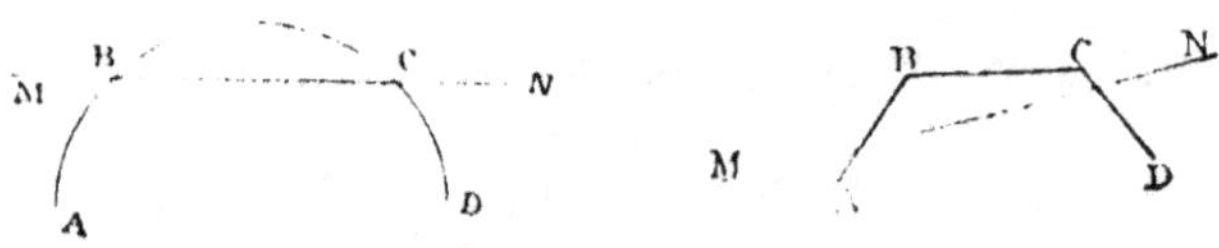

Lignes convexes.

Fig. 8.

8. *Mesurer une ligne*, c'est chercher combien de fois elle contient le mètre, le décimètre, le centimètre, le millimètre, ou toute autre unité de mesure.

§ III. — Surface.

9. On appelle *plan* ou *surface plane* une surface sur laquelle on peut tracer des lignes droites dans tous les sens.

EXEMPLES : La surface de l'eau en repos, la surface d'un tableau noir.

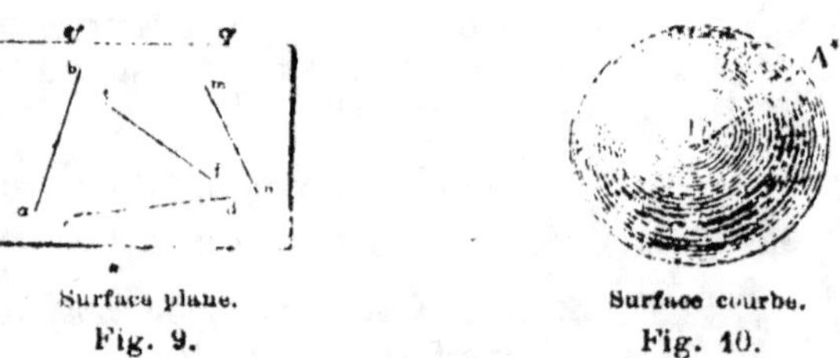

Surface plane.   Surface courbe.
Fig. 9.   Fig. 10.

Les figures tracées sur une surface plane sont appelées des figures planes.

10. Une *surface courbe* est une surface qui n'est plane en aucune de ses parties.

Telle est la surface d'une boule.

§ IV. — Divisions de la géométrie.

11. La *Géométrie* se divise en géométrie *plane* et en géométrie dans l'*espace*.

La *Géométrie plane* étudie les figures planes, c'est-à-dire celles dont toutes les parties sont dans un même plan.

La *Géométrie dans l'espace* étudie les figures dont toutes les parties ne sont pas dans un même plan (*).

§ V. — Définition de quelques termes employés en géométrie.

12. Un *axiome* est une vérité qui est évidente par elle-même et ne se démontre pas.

EXEMPLES : *Deux surfaces qui se superposent sont égales. Deux grandeurs égales chacune à une troisième sont égales entre elles.*

13. Un *théorème* est une vérité qui devient évidente à l'aide d'une démonstration.

EXEMPLE : *La somme des angles d'un triangle est égale à deux angles droits.*

14. Un *problème* est une question à résoudre.

EXEMPLE : *Faire passer une circonférence par trois points non en ligne droite.*

15. On appelle *proposition* l'énoncé d'un axiome, d'un théorème ou d'un problème.

Une *hypothèse* est une supposition; un *corollaire* est une conséquence.

---

* Les quatre premiers livres de cet ouvrage comprennent la *Géométrie plane;* les trois derniers livres comprennent la *Géométrie dans l'espace.*

GÉOMÉTRIE PLANE

LIVRE I

LA LIGNE DROITE ET LES ANGLES

CHAPITRE I

ANGLES

DÉFINITIONS

I. — Angle.

16. Un *angle* est l'ouverture comprise entre deux droites qui se rencontrent. Ces deux lignes sont les *côtés* de l'angle, et leur intersection en est le *sommet*.

Les côtés d'un angle sont supposés indéfinis.

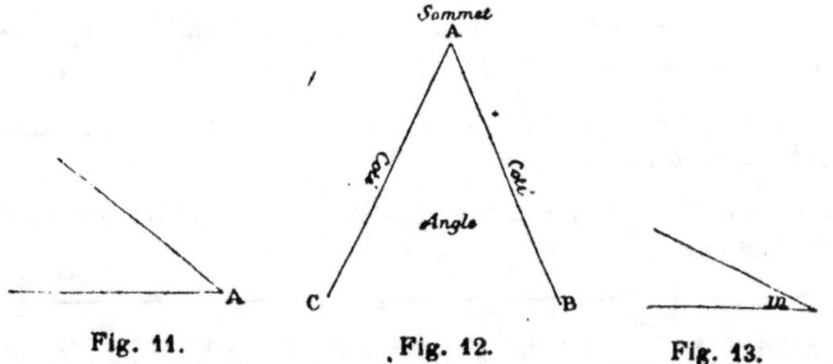

Fig. 11.   Fig. 12.   Fig. 13.

17. On *désigne un angle* par la seule lettre du sommet — ou par trois lettres, celle du sommet étant placée entre les deux autres, ou bien encore par une lettre minuscule placée à l'intérieur de l'angle.

EXEMPLES : On dit l'angle A (fig. 11), — l'angle CAB ou BAC (fig. 12), — l'angle *m* (fig. 13).

18. *Deux angles sont égaux* lorsqu'on peut les appliquer exactement l'un sur l'autre.

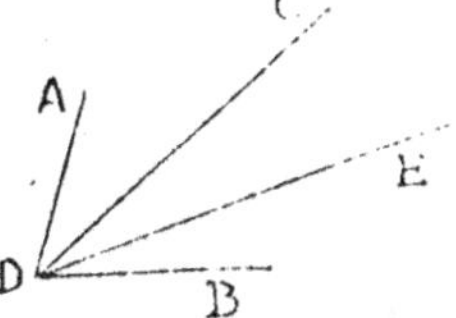

Fig. 14.

19. La grandeur d'un angle dépend uniquement de l'ouverture comprise entre ses côtés, et non de leur longueur.

Ainsi l'angle ADB, est plus grand que l'angle CDE quoique ses côtés soient moins longs, parce que son ouverture est plus grande.

§ II. — Diverses sortes d'angles.

20. On appelle *angles adjacents* deux angles qui ont même sommet, et qui sont situés de part et d'autre d'un côté commun.

EXEMPLE : Les angles *m* et *n* (fig. 15).

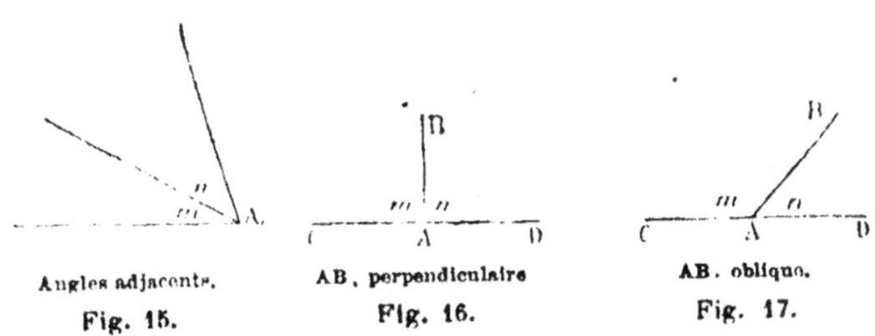

Angles adjacents.

Fig. 15.

AB, perpendiculaire

Fig. 16.

AB, oblique.

Fig. 17.

21. Une droite est *perpendiculaire* à une autre lorsqu'elle forme avec celle-ci des angles adjacents égaux; elle est *oblique* lorsque les angles adjacents sont inégaux.

EXEMPLES : Si les angles *m* et *n* sont égaux (fig. 16), la ligne AB est perpendiculaire à CD; si les angles *m* et *n* sont inégaux (fig. 17), la ligne AB est oblique à CD.

22. On appelle *angle droit* tout angle dont les côtés sont perpendiculaires entre eux.

EXEMPLE : Les angles *m* et *n* (fig. 16) sont droits.

23. On appelle *angle aigu* tout angle plus petit que l'angle droit, et *angle obtus* tout angle plus grand que l'angle droit.

EXEMPLE : L'angle *n* est aigu, et l'angle *m* est obtus.

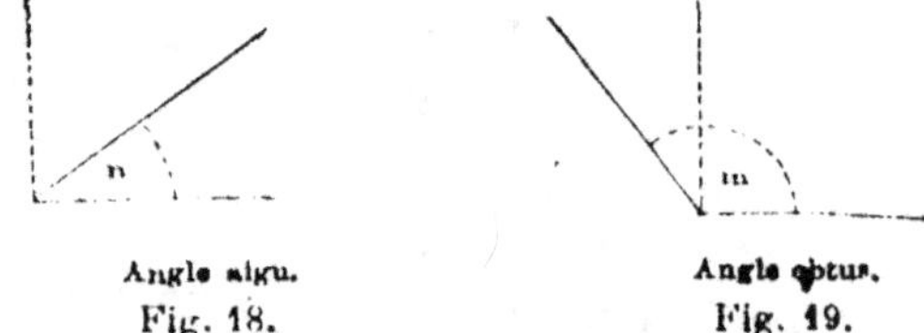

Angle aigu.
Fig. 18.

Angle obtus.
Fig. 19.

24. Un angle d'un *degré* est la 90° partie de l'angle droit. Le degré se divise en 60 *minutes*, et la minute en 60 *secondes*.

On désigne les degrés par un petit zéro placé à droite, un peu au-dessus du nombre de degrés; les minutes se désignent par un accent, les secondes par deux accents, etc. Un angle de 23 degrés 27 minutes 25 secondes s'écrit 23° 27′ 25″.

25. Deux angles sont *complémentaires* quand leur somme égale un angle droit ou 90 degrés. Deux angles sont *supplémentaires* quand leur somme égale deux droits ou 180 degrés.

Axiome. *Deux angles qui ont des compléments égaux ou des suppléments égaux sont égaux.*

Fig. 20.
m, n, angles opposés par le sommet.

26. On appelle *angles opposés par le sommet* deux angles tels que les côtés de l'un sont les prolongements des côtés de l'autre.

EXEMPLE : Les angles *m* et *n* (fig. 20) sont des angles opposés par le sommet.

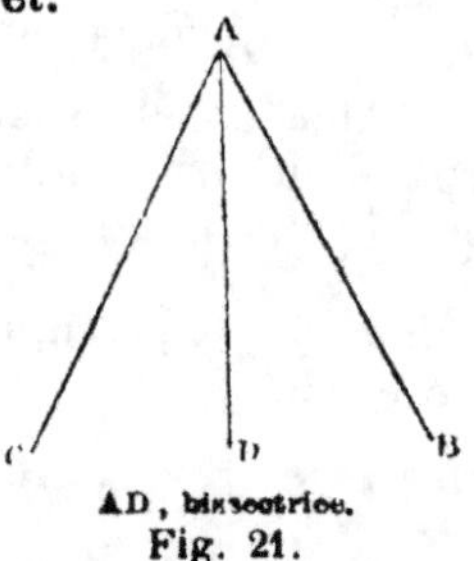

AD, bissectrice.
Fig. 21.

27. La *bissectrice* d'un angle est la droite qui divise cet angle en deux parties égales.

EXEMPLE : La droite AD est bissectrice de l'angle BAC

Théorème.

28. *Deux angles adjacents dont les côtés extérieurs forment une même ligne droite sont supplémentaires.*

Démonstration. Soient l'angle BAC ou m, et l'angle BAD ou n, deux angles adjacents dont les côtés extérieurs AC et AD sont en ligne droite.

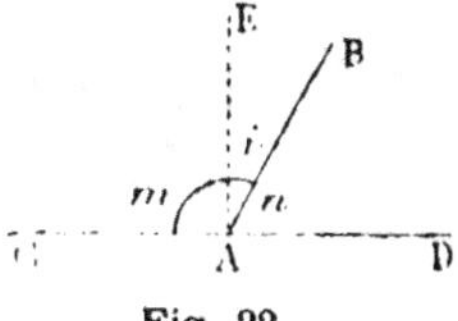

Fig. 22.

Il s'agit de démontrer que ces deux angles sont supplémentaires.

Si l'on mène AE perpendiculaire à CD, les deux angles EAC et EAD sont droits, et l'on a :

$$m = 1 \text{ droit} + i$$
$$n = 1 \text{ droit} - i$$

D'où, en additionnant, on a : $m + n = 2$ droits, puisque $+ i$ et $- i$ se détruisent.

Donc, *deux angles adjacents dont les côtés extérieurs,* etc.

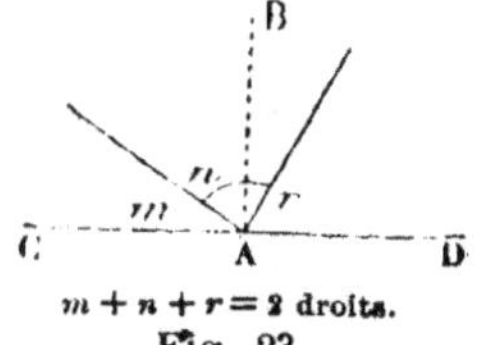

$m + n + r = 2$ droits.
Fig. 23.

29. Corollaire I. *La somme des angles consécutifs que l'on peut former d'un même côté d'une droite est égale à deux angles droits.*

Car, si l'on mène la perpendiculaire AB, les deux angles droits BAC et BAD comprennent les angles m, n, r.

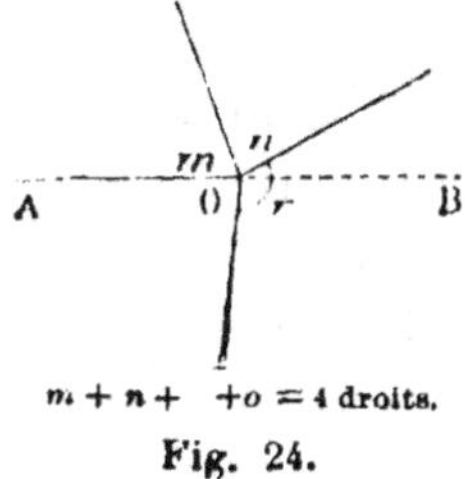

$m + n + {} + o = 4$ droits.
Fig. 24.

30. Corollaire II. *La somme tous les angles que l'on peut former autour d'un même point sur un plan est égale à 4 angles droits.*

Car, si l'on prolonge AO, on aura deux angles droits pour la somme des angles formés au-dessus de AB, et deux angles droits pour la somme des angles formés au-dessous.

Théorème.

31. *Deux angles opposés par le sommet sont égaux.*

Démonstration. Soient m et n deux angles opposés par sommet.

AB étant une ligne droite, l'angle m a pour supplément s (nº 28); CD étant aussi une ligne droite, l'angle n a pour supplément s; donc les deux angles m et n sont égaux comme ayant même supplément (nº 25).

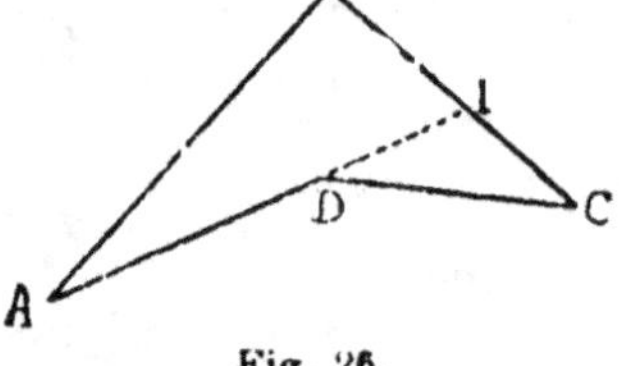

Fig. 25.

De même les angles opposés s et t sont égaux, comme ayant chacun pour supplément l'angle n ou l'angle m.

Donc, *deux angles opposés...*

Corollaire. *Deux droites qui se coupent forment quatre angles qui sont égaux deux à deux comme opposés par le sommet.*

Théorème.

32. *Une ligne polygonale convexe est plus petite que toute ligne enveloppante terminée aux mêmes extrémités.*

Démonstration. Soit ADC une ligne convexe enveloppée par ABC : ces deux lignes se terminant aux mêmes points A et C. Il faut démontrer que la ligne enveloppée est la plus petite.

Prolongeons AD jusqu'à la ligne BC.

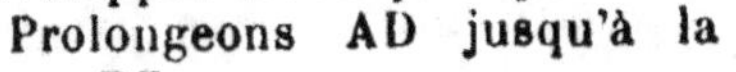

Fig. 26.

Une droite quelconque étant le plus court chemin d'un point à un autre (nº 3), on a :

$$AD + DI < AB + BI$$
$$DC < DI + IC *$$

En ajoutant membre à membre ces deux inégalités, on a :

$$AD + DI + DC < AB + BI + DI + IC$$

D'où, en retranchant de part et d'autre DI,

il reste $\quad AD + DC < AB + BI + IC$ ou $ADC < ABC$.

Donc, *une ligne polygonale convexe est plus petite...*

Théorème.

33. *Si, d'un point pris hors d'une droite, on mène à cette droite une perpendiculaire et différentes obliques :*

---

* $>$ signifie plus grand que.
* $<$ signifie plus petit que.

1*

1º *La perpendiculaire est plus courte que toute oblique,*

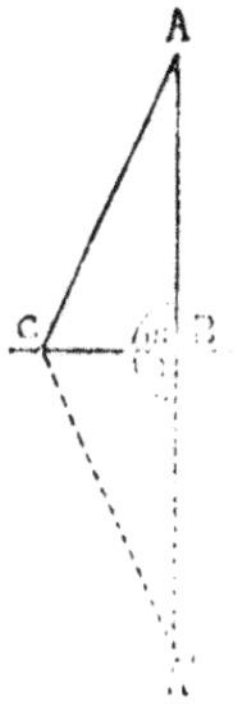

2º *Deux obliques dont les pieds s'écartent également du pied de la perpendiculaire sont égales;*

3º *De deux obliques, la plus longue est celle dont le pied s'écarte le plus du pied de la perpendiculaire.*

Démonstration. Soient A le point donné, AB une perpendiculaire à BC, et AC une oblique à cette même droite.

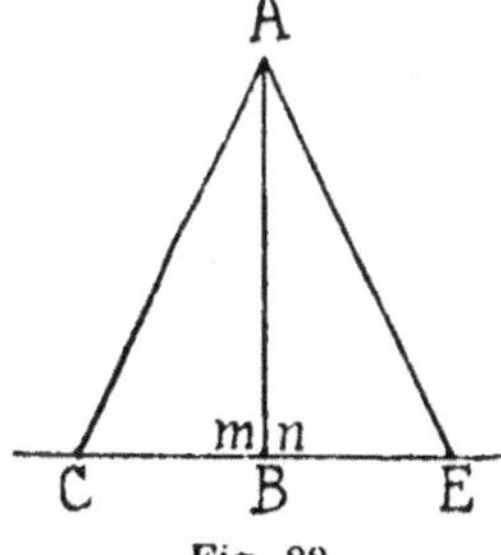
Fig. 27.

1º Démontrons que la perpendiculaire AB est plus courte que toute oblique AC, par exemple. Prolongeons AB d'une longueur BA′ égale à BA, et menons CA′.

A cause des angles droits m et n, si l'on fait tourner autour de BC la partie supérieure de la figure, la droite BA coïncidera avec BA′, CA avec CA′.

La ligne droite ABA′ étant plus courte que ACA′ (nº 3), on a, en prenant la moitié de part et d'autre : $AB < AC$.

Fig. 28.

2º Soient les obliques AE et AC, qui s'écartent également du pied B de la perpendiculaire AB: je dis qu'elles sont égales. En effet, la distance BE étant égale à BC, et les angles m et n étant droits, la partie ABE de la figure, tournant autour de AB, peut coïncider avec ABC; donc

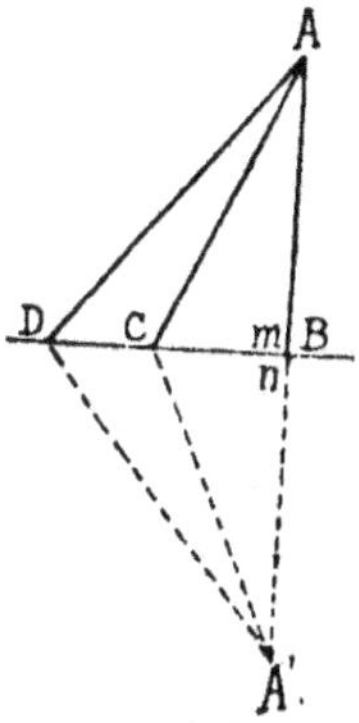

$$AE = AC.$$

3º Soient les deux obliques AD et AC.

Démontrons que la plus longue est l'oblique AD, qui s'écarte le plus du pied B de la perpendiculaire AB. En effet, la ligne convexe ADA′ est plus grande que la ligne enveloppée ACA′ (nº 32); on a, en prenant la moitié de part et d'autre : $AD > AC$.

Fig. 29.

Donc, *si d'un point...*

34. Corollaire I. *Tout point de la perpendiculaire élevée au milieu d'une droite est également distant des extrémités de cette droite.*

AB étant perpendiculaire au milieu de CD, on a : AC $=$ AD, comme obliques s'écartant également du pied de la perpendiculaire.

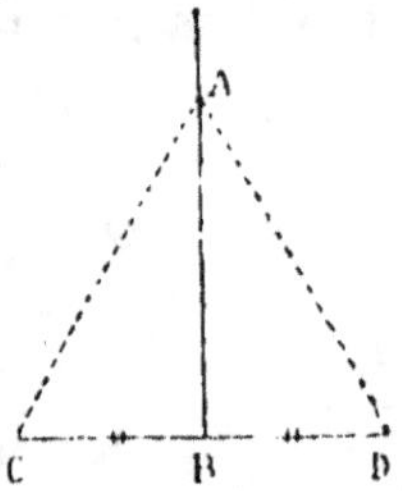

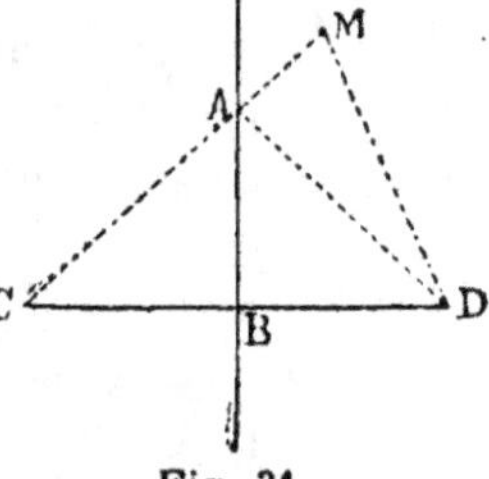

Fig. 30.

35. Corollaire II. *Tout point A équidistant des deux extrémités d'une droite CD appartient à la perpendiculaire élevée au milieu de cette droite* (fig. 30).

36. Corollaire III. *Tout point M en dehors de la perpendiculaire élevée au milieu d'une droite CD est inégalement éloigné des extrémités de la droite.*

On a, en effet, MD $<$ MA $+$ AD.

Remplaçant AD par son égale AC,

on a   MD $<$ MA $+$ AC,

enfin   MD $<$ MC.

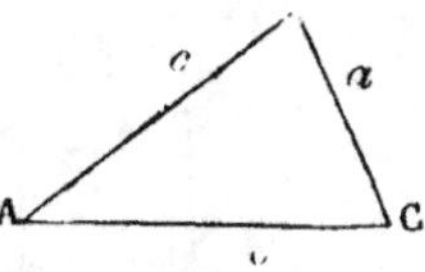

Fig. 31.

CHAPITRE II

TRIANGLES

DÉFINITIONS

§ I. — Triangle.

37. Un *triangle* est une figure plane limitée par trois droites qui en sont les *côtés*.

EXEMPLE : La figure ABC est un triangle.

Il y a six éléments à considérer dans un triangle, savoir : *trois angles* et *trois côtés*.

Le *périmètre* d'un triangle est la ligne formée par l'ensemble des trois côtés.

Triangle.
Fig. 32.

On désigne ordinairement les trois angles d'un triangle

par trois lettres majuscules, A, B, C, par exemple, et les côtés opposés par les mêmes lettres minuscules, *a*, *b*, *c*. Pour éviter la confusion, on dit : grand A, grand B, grand C, petit *a*, petit *b*, petit *c*.

§ II. — Diverses sortes de triangles.

38. Un triangle est *rectangle* lorsqu'il a un angle droit, *obtusangle* lorsqu'il a un angle obtus, et *acutangle* lorsque tous ses angles sont aigus.

On appelle *hypoténuse*, dans un triangle rectangle, le côté opposé à l'angle droit.

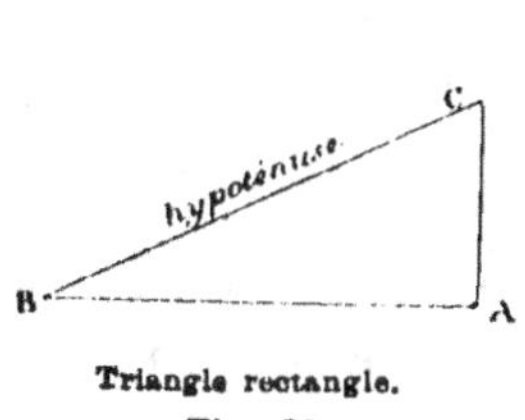

Triangle rectangle.
Fig. 33.

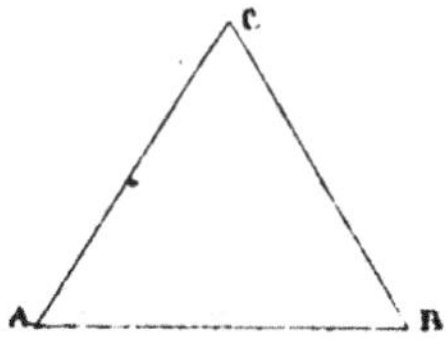

Triangle équilatéral.
Fig. 34.

Un triangle est *équilatéral* quand ses trois côtés sont égaux. Un triangle équilatéral a aussi ses trois angles égaux.

Un triangle est *isocèle* lorsqu'il a deux côtés égaux. Un triangle isocèle a aussi deux angles égaux : ce sont les angles opposés aux côtés égaux.

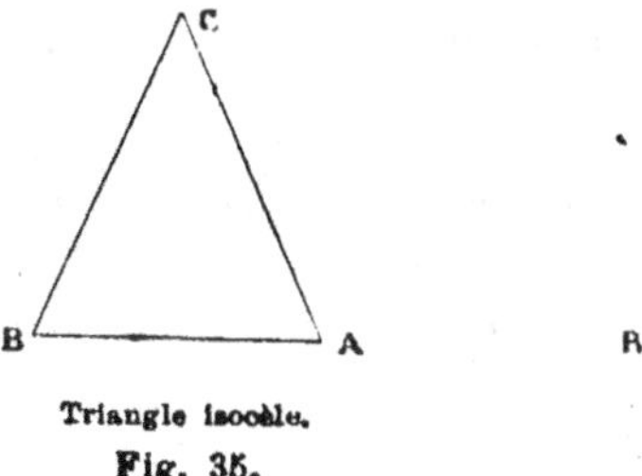

Triangle isocèle.
Fig. 35.

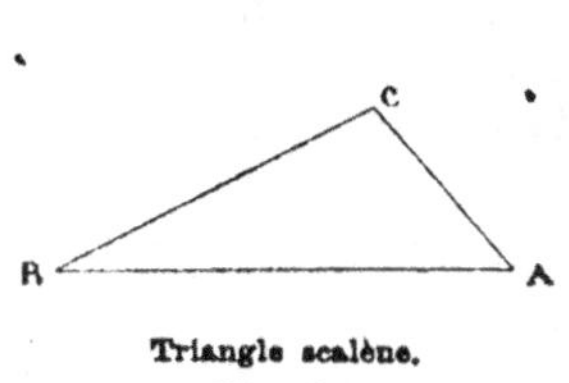

Triangle scalène.
Fig. 36.

Un triangle est *scalène* quand ses trois côtés sont inégaux.

§ III. — Lignes dans le triangle.

39. La *base* d'un triangle est un de ses trois côtés, pris à volonté

On choisit généralement pour base d'un triangle le côté sur lequel il est censé posé.

Le sommet d'un triangle est le sommet de l'angle opposé à la base.

EXEMPLE : Si AC est choisi pour base (fig. 37 et 38), le point B est le sommet du triangle ABC.

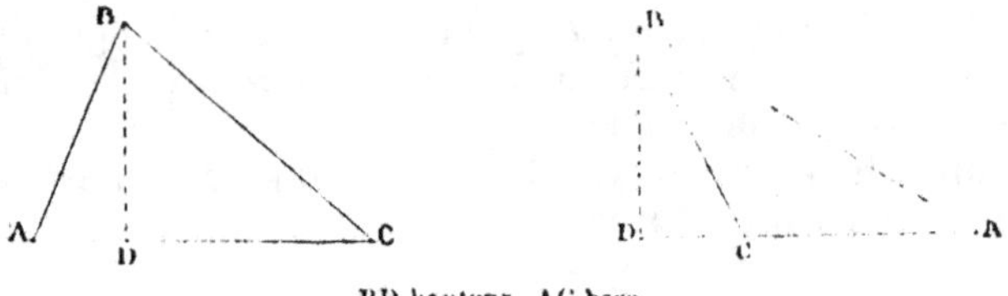

BD hauteur. AC base.

Fig. 37.   Fig. 38.

Dans un triangle isocèle, on prend ordinairement pour base le côté inégal aux deux autres; le sommet est le point de rencontre des deux côtés égaux.

On appelle *hauteur* d'un triangle la perpendiculaire abaissée du sommet sur la base ou sur son prolongement.

EXEMPLE : La ligne BD est la hauteur du triangle ABC (fig. 37 et 38).

Dans le triangle équilatéral et dans le triangle isocèle, la hauteur tombe sur le milieu de la base.

On appelle *médiane* d'un triangle la droite qui joint l'un quelconque des sommets au milieu du côté opposé.

Dans un triangle quelconque, il y a trois *bases*, trois *hauteurs*, trois *médianes* et trois *bissectrices*.

40. Axiome. *Deux triangles sont egaux quand ils peuvent se superposer.*

Deux triangles remplissent cette condition dans les cas suivants nommés *les trois cas d'égalité des triangles.*

Cas d'égalité des triangles.

Théorème.

41. Premier cas. *Deux triangles sont égaux lorsqu'ils ont un angle égal compris entre des côtés respectivement égaux.*

Démonstration. Soient les deux triangles T et T'* (fig. 39),

---

* Quelquefois on emploie une lettre avec un accent : ainsi on écrira T' mais on lira T *prime*.

ayant les angles A et A' égaux, les côtés AB et AC respectivement égaux aux côtés A'B' et A'C'. Je dis que ces deux triangles sont égaux.

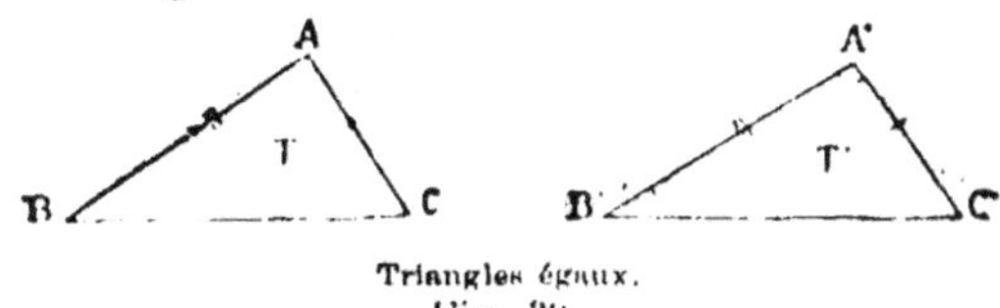

Triangles égaux.
Fig. 39.

Pour le démontrer, plaçons le triangle T sur le triangle T', de manière que l'angle A coïncide avec son égal A'. Le côté AB coïncidera avec son égal A'B', et le côté AC avec son égal A'C'. Le troisième côté BC coïncidera aussi avec B'C', puisque ces deux côtés se terminent aux mêmes points; donc les deux triangles sont égaux. Donc...

Théorème.

42. Deuxième cas. *Deux triangles sont égaux lorsqu'ils ont un côté égal adjacent à des angles respectivement égaux.*

Démonstration. Soient les deux triangles T et T' ayant le côté BC = B'C', l'angle B = B' et l'angle C = C'. Je dis que ces deux triangles sont égaux.

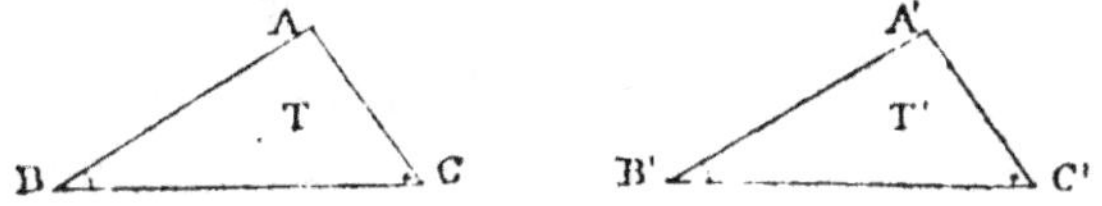

Triangles égaux.
Fig. 40.

Plaçons le triangle T sur le triangle T', de manière que le côté BC s'applique exactement sur son égal B'C', le point B sur le point B' et le point C sur le point C'. L'angle B étant égal à l'angle B', le côté BA prendra la direction B'A', et le point A tombera quelque part sur B'A'. De même l'angle C étant égal à l'angle C', le côté CA prendra la direction C'A', et le point A tombera quelque part sur C'A'. Le point A, devant se trouver à la fois sur B'A' et sur C'A', tombera sur l'intersection A', et les deux triangles coïncideront, puisqu'ils auront les mêmes sommets.

Donc, *deux triangles sont égaux...*

43. Troisième cas. *Deux triangles sont égaux lorsqu'ils ont les trois côtés respectivement égaux.*

(Voir la démonstration au *Cours supérieur.*)

CHAPITRE III

PARALLÈLES

Définitions.

44. On appelle *parallèles* des droites situées dans un même plan, et qui ne peuvent se rencontrer, à quelque distance qu'on les prolonge.

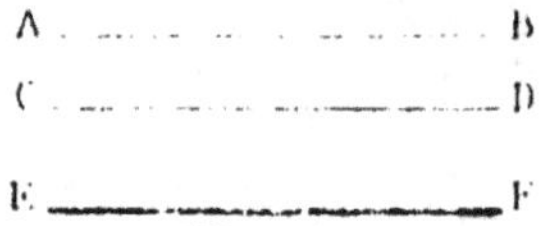

Telles sont les droites **AB**, **CD**, **EF**.

Fig. 41.

EXEMPLES DE PARALLÈLES : Les barreaux d'une grille de portail, les lignes d'une portée de musique, les rails d'une voie de chemin de fer, les échelons d'une échelle, etc.

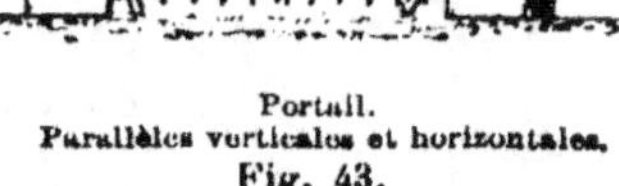

Portée de musique.
Parallèles horizontales
Fig. 42.

Portail.
Parallèles verticales et horizontales.
Fig. 43.

Remarque. Dans un tabouret, les barreaux de deux côtés contigus, supposés prolongés, ne pourraient se rencontrer, et cependant ils ne sont pas parallèles, parce qu'ils ne sont pas situés dans un même plan.

45. Lorsque deux droites parallèles sont coupées par une troisième qui prend le nom de *sécante*, les angles formés ont reçu des noms particuliers :

On appelle *angles correspondants* deux angles situés du même côté de la sécante, l'un à l'intérieur, l'autre à l'extérieur des droites parallèles, et non adjacents.

Fig. 44. — Tabouret.

EXEMPLES : Les angles n et a sont des angles correspondants, ainsi que les angles K et H, I et G, r et m.

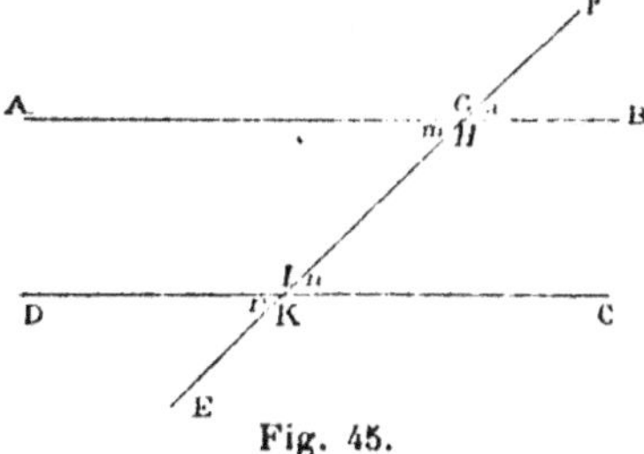

Fig. 45.

46. On appelle *angles alternes-internes* deux angles non adjacents situés de part et d'autre de la sécante, à l'intérieur des parallèles.

EXEMPLE : Les angles m et n sont des angles alternes-internes, ainsi que les angles H et I (fig. 45).

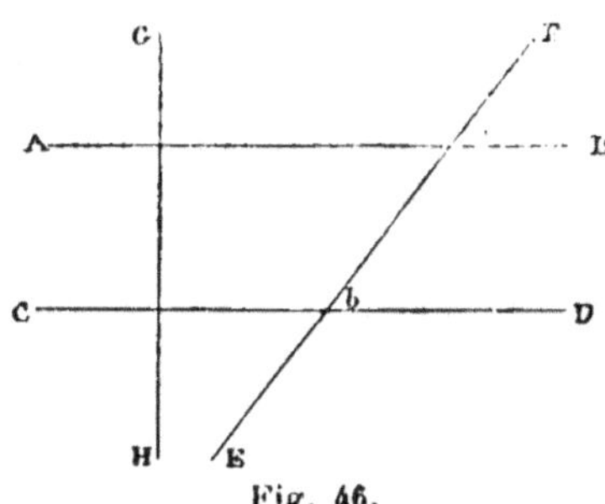

Fig. 46.

47. Nous admettrons comme évidents les deux principes suivants :

1° *Une droite* GH *perpendiculaire sur* AB *l'est aussi sur sa parallèle* CD.

2° *Une sécante* EF *est également inclinée sur* AB *et sur sa parallèle* CD (fig. 46); *et par suite les angles correspondants* a *et* b, *qui mesurent cette inclinaison, sont égaux.*

Théorème.

48. *Lorsque deux parallèles sont coupées par une sécante, les angles alternes-internes sont égaux.*

Démonstration. 1° Démontrons d'abord l'égalité des deux angles alternes-internes H et I.

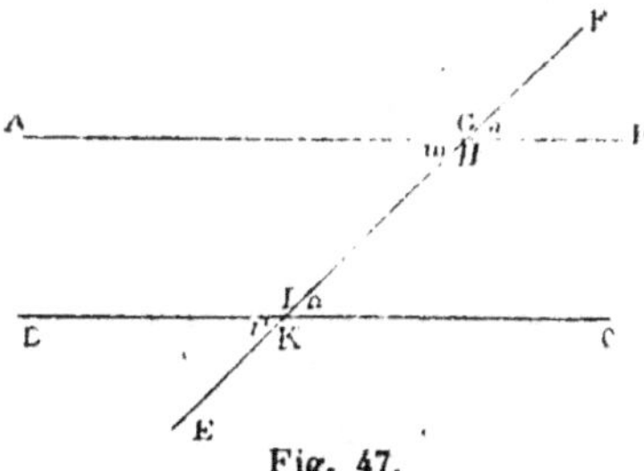

Fig. 47.

L'angle H a pour supplément l'angle a; l'angle I a pour supplément l'angle n. Or ces deux suppléments sont égaux comme angles correspondants. Donc les angles H et I ayant des suppléments égaux sont égaux.

2° L'égalité des deux angles alternes-internes m et n se démontrerait de la même manière, soit à l'aide des angles correspondants G et I, soit à l'aide des angles alternes-internes H et I dont on vient de démontrer l'égalité.

Théorème.

49. *Deux angles qui ont les côtés respectivement parallèles chacun à chacun sont égaux.*

Démonstration. Soient a et d
deux angles qui ont les côtés
parallèles chacun à chacun, AC
parallèle à DB et AB parallèle
à DE. Prolongeons jusqu'à leur
rencontre les deux côtés non parallèles AB et DB, les angles a et
n sont égaux comme alternes-internes, à cause des parallèles AC

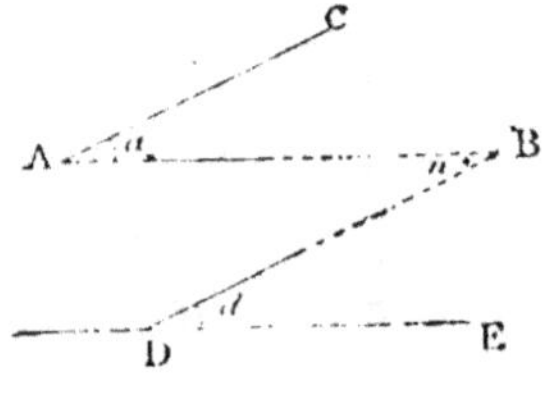

Fig. 48.

et DB coupées par la sécante AB. De même les angles d et
n sont égaux comme alternes-internes, à cause des parallèles AB et DE coupées par la sécante DB. Donc les angles
a et d sont égaux entre eux, puisqu'ils sont égaux chacun à
l'angle n.

Donc *deux angles qui ont les côtés respectivement
parallèles sont égaux.*

CHAPITRE IV

POLYGONES

---

§ I. — Les polygones en général

Définitions.

50. On appelle *polygone* toute figure plane limitée par
des lignes droites; ces lignes sont les côtés du polygone.

Le *triangle* est le plus simple des polygones.

Un polygone de 4 côtés se nomme quadrilatère.

«	5	«	pentagone.
«	6	«	hexagone.
«	7	«	heptagone.
«	8	«	octogone.

51. On appelle *diagonale* d'un polygone toute droite qui joint deux sommets non consécutifs.

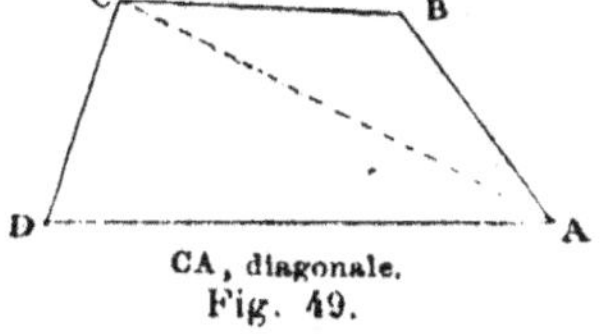

CA, diagonale.
Fig. 49.

EXEMPLE : AC est une diagonale du polygone ABCD.

Le *périmètre* d'un polygone est la ligne brisée qui forme le contour du polygone.

52. On appelle *angle extérieur* d'un polygone un angle formé par un côté quelconque et le prolongement du côté adjacent.

BAD, angle extérieur.
Fig. 50.

EXEMPLE : l'angle BAD, formé par le prolongement AD et par le côté AB, est, pour le point A, un angle extérieur du triangle ABC.

Théorème.

53. *La somme des angles d'un triangle quelconque est égale à deux angles droits.*

Démonstration. Soit ABC un triangle quelconque (fig. 51); je dis que la somme des trois angles a, b, c est égale à deux angles droits. Pour le démontrer, prolongeons CA, et menons AE parallèle à CB.

$a + b + c = $ 2 droits.
Fig. 51.

Les angles b et b' sont égaux comme alternes-internes, à cause des parallèles CB et AE coupées par la sécante AB; c et c' sont égaux comme correspondants, à cause des parallèles CB et AE coupées par la sécante CD; ainsi $a + b + c$ égale $a + b' + c'$; or cette dernière somme est égale à deux angles droits (n° 29). Donc, *la somme...*

54. Corollaire I. *L'angle extérieur* BAD *d'un triangle égale la somme des angles intérieurs non adjacents* b *et* c.

Car l'angle a est le supplément soit de l'angle extérieur BAD, soit de la somme des deux autres angles b, c.

55. Corollaire II. *Les deux angles aigus d'un triangle rectangle sont complémentaires;*

Car dans tout triangle rectangle les deux angles aigus donnent pour somme un angle droit.

56. Corollaire III. *Dans un triangle rectangle isocèle, les angles aigus valent chacun 45°.*

57. Corollaire IV. *La somme des angles intérieurs d'un polygone convexe quelconque égale autant de fois deux angles droits que ce polygone a de côtés moins deux.*

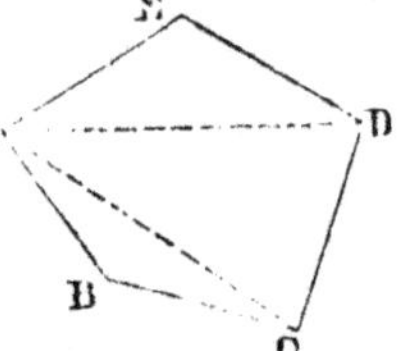
Fig. 52.

En effet, si l'on joint le sommet A aux sommets non adjacents par les diagonales AC et AD, chaque côté du polygone sert de base à un triangle, à l'exception des deux côtés qui forment l'angle A, en sorte qu'on forme autant de triangles que le polygone a de côtés moins deux.

Les angles de ces triangles étant formés avec les angles du polygone, la somme des angles du polygone égale donc autant de fois deux angles droits que le polygone a de triangles ou de côtés moins deux.

EXEMPLE : La somme des angles d'un polygone de 5 côtés égale 3 fois 2 droits ou 6 droits.

§ II. — Des quadrilatères.

Définitions.

58. Un *quadrilatère* est un polygone de quatre côtés.

59. Les quadrilatères qui ont un nom particulier sont :

Le parallélogramme,
Le rectangle,
Le losange,
Le carré,
Le trapèze.

Quadrilatère.
Fig. 53.

Un *parallélogramme* est un quadrilatère dont les côtés opposés sont parallèles.

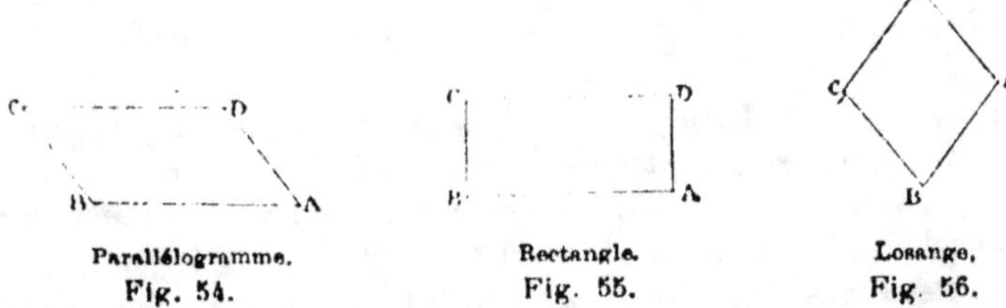
Parallélogramme.   Rectangle.   Losange,
Fig. 54.   Fig. 55.   Fig. 56.

Un *rectangle* est un quadrilatère dont tous les angles sont égaux, et par suite droits.

Un *losange* est un quadrilatère dont tous les côtés sont égaux.

Un *carré* est un quadrilatère qui a ses côtés égaux et ses angles égaux.

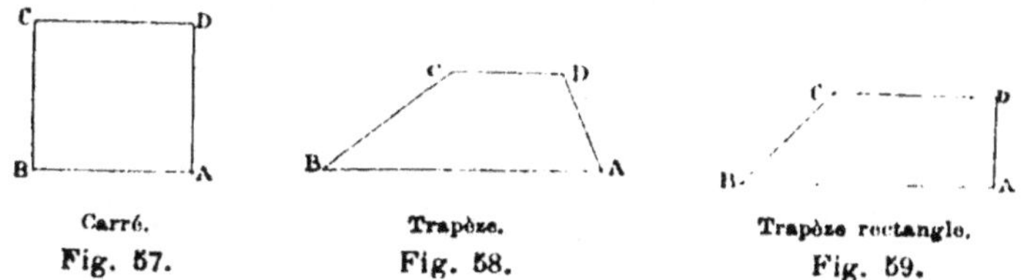

Carré.   Trapèze.   Trapèze rectangle.

Fig. 57.   Fig. 58.   Fig. 59.

Le carré est le quadrilatère régulier; il est à la fois parallélogramme, losange et rectangle.

Un *trapèze* est un quadrilatère qui a deux côtés parallèles.

Un *trapèze rectangle* est un trapèze qui a deux angles droits.

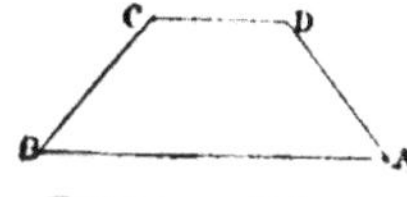

Trapèze symétrique.

Fig. 60.

Un *trapèze isocèle* ou *symétrique* est un trapèze dont les côtés non paralleles sont égaux.

Remarque. La somme des angles d'un quadrilatère quelconque est égale à quatre angles droits (n° 57).

§ III. — Propriétés du parallélogramme.

(Voir la démonstration de ces propriétés dans le *Cours supérieur de Géométrie*.)

60. *Les côtés opposes d'un parallélogramme sont égaux, ainsi que les angles opposés.*

Les côtés AD et BC sont égaux; les côtés AB et DC sont égaux; de même, les angles A et C sont égaux, ainsi que les angles B et D.

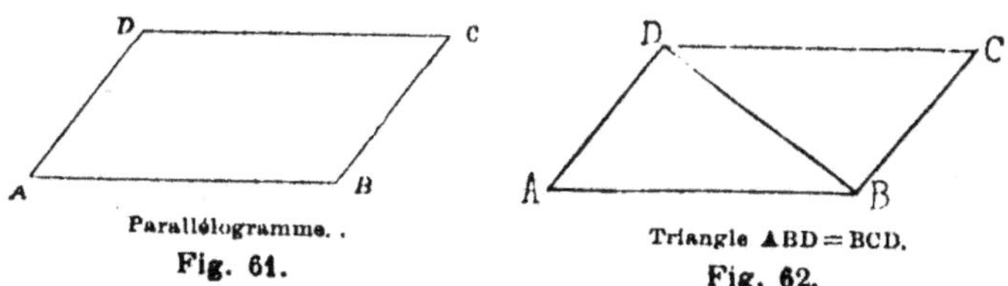

Parallélogramme. .   Triangle ABD = BCD.

Fig. 61.   Fig. 62.

61. *La diagonale divise un parallélogramme en deux triangles égaux.*

La diagonale BD donne les deux triangles égaux ABD et BCD.

62. *Les diagonales d'un parallélogramme se coupent en leurs milieux*

Le point O est le milieu des deux diagonales AC et BD (fig. 63).

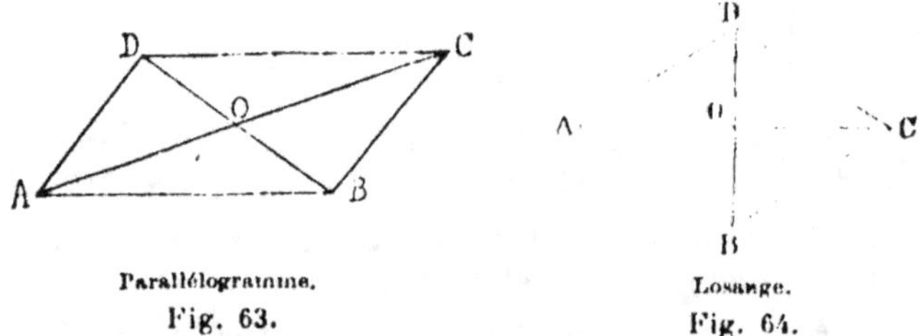

Parallélogramme.
Fig. 63.

Losange.
Fig. 64.

63. *Les diagonales d'un losange se coupent à angles droits.*

Les angles en O sont droits (fig. 64).

64. *Les diagonales d'un rectangle sont égales.*

La diagonale AC égale la diagonale BD (fig. 65).

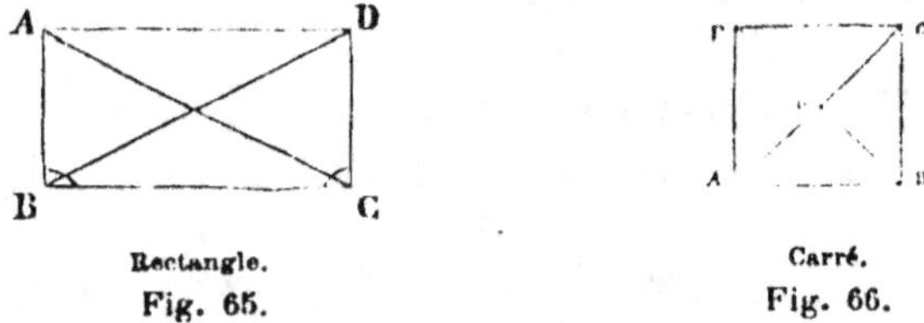

Rectangle.
Fig. 65.

Carré.
Fig. 66.

65. *Dans un carré, les diagonales sont égales : elles se coupent en leurs milieux et à angle droit.*

Le carré jouit à la fois des propriétés du parallélogramme, du rectangle et du losange.

LIVRE II

CIRCONFÉRENCE

CHAPITRE I

RAYON, ARC ET CORDE

66. La *circonference* est une ligne courbe, plane et fermée, dont tous les points sont équidistants d'un point intérieur qu'on nomme *centre*.

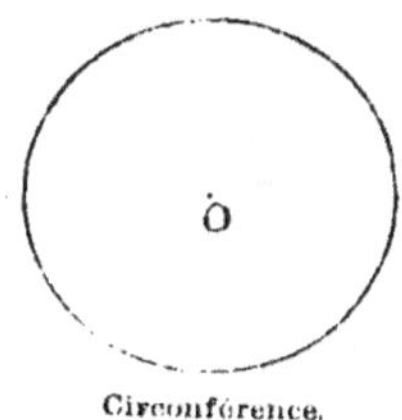

Circonférence.
Fig. 67.

Un *arc* est une partie quelconque de la circonférence.

On divise la circonférence en 360 parties égales qu'on appelle *degrés*.

Le degré se divise en 60 minutes.

La minute se divise en 60 secondes.

On écrit en abrégé un arc de 25° 12′ 24″, et on lit : arc de 25 degrés 12 minutes 24 secondes.

67. Par rapport à la circonférence, on considère les lignes suivantes : le rayon, la corde, le diamètre, la sécante, la tangente, la flèche.

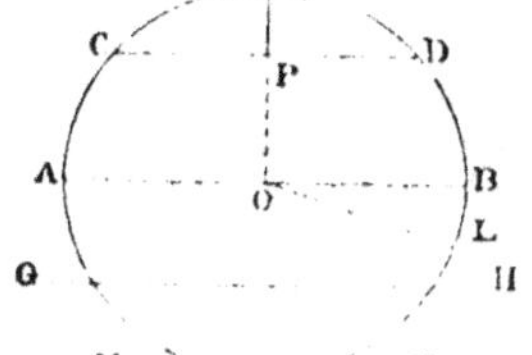

CFD, arc. OL, rayon. CD, corde.
AB, diamètre. GH, sécante.
MN, tangente. FP, flèche.
Fig. 68.

Le *rayon* est une droite qui joint le centre à un point quelconque de la circonférence.

Tous les rayons d'un même cercle sont égaux.

Une *corde* est une droite qui joint deux points quelconques de la circonférence.

Deux cordes égales sous-tendent des arcs égaux.

Un *diamètre* est une corde qui passe par le centre.

Le diamètre vaut deux rayons.

Tous les diamètres d'un même cercle sont égaux.

Une *sécante* est une corde prolongée.

Une *tangente* est une droite indéfinie qui n'a qu'un point de commun avec la circonférence.

On appelle *point de contact* le point commun à la tangente et à la circonférence.

Une *flèche* est une perpendiculaire élevée au milieu d'une corde et terminée à l'arc.

68. Le *cercle* est la surface plane limitée par la circonférence.

On donne souvent le nom de cercle à la circonférence elle-même.

Deux cercles de même rayon sont égaux.

Le diamètre divise le cercle et la circonférence en deux parties égales.

Théorème.

69. *Le diamètre est la plus grande corde du cercle.*

Démonstration. Tout diamètre COD ou CD égale la ligne $AO + OB$ formée de deux rayons ; mais la ligne brisée $AO + OB$ est plus longue que la ligne droite AB ; donc $CD > AB$.

Donc, *le diamètre est la plus grande corde du cercle.*

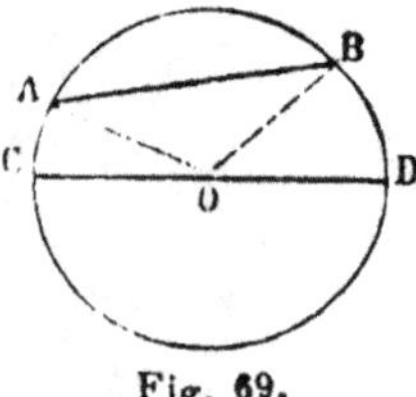

Fig. 69.

Théorème.

70. *Par trois points A, B, C non en ligne droite, on peut faire passer une circonférence.*

Démonstration. Joignons les points donnés par les lignes droites AB et BC.

Élevons ensuite des perpendiculaires au milieu de AB et de BC.

Le point O, où se rencontrent ces deux perpendiculaires, est le centre de la circonférence passant par les points A, B, C. En effet, le point O se trouvant sur DE perpendiculaire au milieu de BC, est également distant des points C et B (n° 34) ; ce même point O se trouvant sur FG, perpendiculaire au milieu de AB, est à égale distance des points B et A ; il est donc à égale distance des trois points A, B, C.

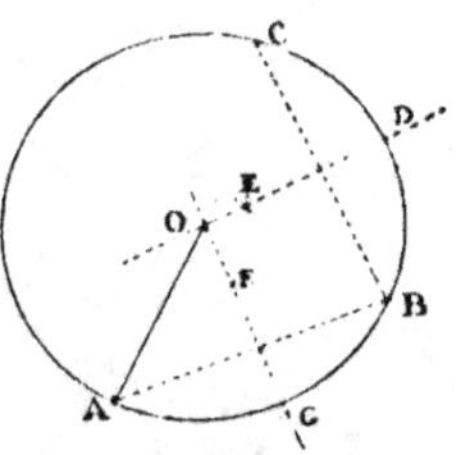

Fig. 70.

Donc, si du point O comme centre avec un rayon égal à OA on décrit une circonférence, cette circonférence passera par les points A, B et C.

71. Corollaire. *Tout rayon perpendiculaire à une corde divise cette corde et l'arc sous-tendu en deux parties égales.*

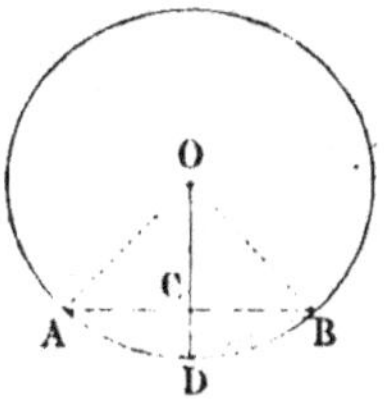

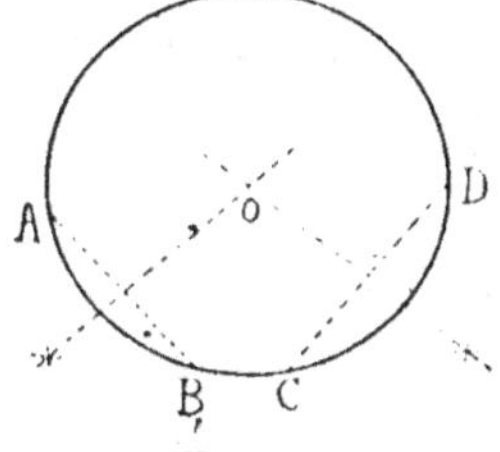

Fig. 71.

Soit le rayon OD perpendiculaire à la corde AB ; ce rayon passe au point C, milieu de la corde AB et au point D, milieu de l'arc ADB.

72. Remarque I. *Pour diviser un arc en deux parties égales,* il suffit d'élever une perpendiculaire au milieu de la corde qui sous-tend cet arc.

73. Remarque II. Pour trouver le centre d'une circonférence, il suffit de tracer deux cordes quelconques, et d'élever une perpendiculaire au milieu de chacune de ces cordes. Leur point de rencontre donne le centre de la circonférence.

Fig. 72 .

74. Définition. Deux circonférences tangentes sont des circonférences qui n'ont qu'un seul point de commun.

Le point commun à deux circonférences tangentes est appelé *point de contact* ou *point de tangence.*

EXEMPLE : Les deux circonférences O et O' sont tangentes. Le point D est leur point de contact.

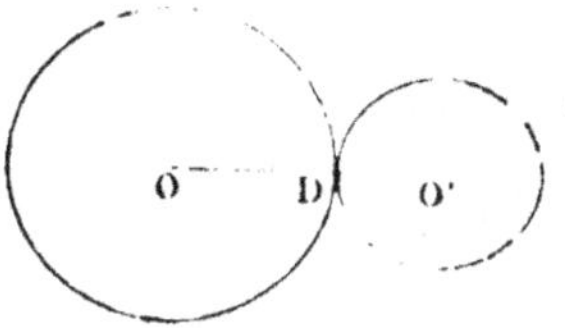

Tangentes extérieurement.
Fig. 73.

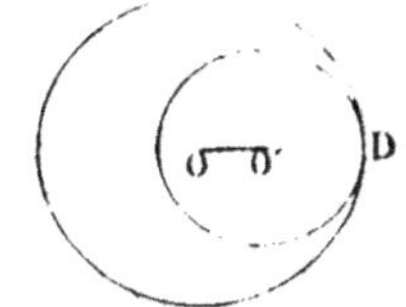

Tangentes intérieurement.
Fig. 74.

75. *Lorsque deux circonférences sont tangentes, le point de contact est sur la ligne des centres.*

Les circonférences O et O' étant tangentes, les trois points O, O' et D sont en ligne droite.

Théorème.

76. *Toute droite perpendiculaire à l'extrémité d'un rayon est tangente à la circonférence.*

Soit la droite AB perpendiculaire à l'extrémité du rayon OC; je dis que cette droite est tangente à la circonférence. En effet, ce rayon OC est lui-même perpendiculaire sur AB, toute autre droite OD est oblique, par conséquent plus longue que le rayon OC; donc le point D est hors du cercle. On en dirait autant de toute autre oblique. Ainsi la droite **AB** n'a que le point C de commun avec la circonférence. — Donc elle est tangente.

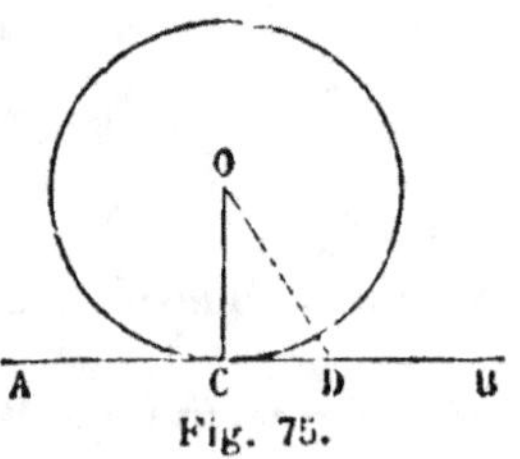

Fig. 75.

Théorème.

77. *Les arcs d'un même cercle compris entre deux parallèles sont égaux.*

Soient les arcs AC et BD, compris entre les cordes parallèles **AB** et **CD**. Menons le rayon OI perpendiculaire à AB, et par suite à CD (n° 47). Le point I est le milieu de l'arc AIB, et en même temps le milieu de l'arc CID (n° 71); on a donc :

$$\text{arc IA} = \text{arc IB}$$

$$\text{arc IC} = \text{arc ID}$$

d'où, en soustrayant membre à membre,

$$\text{arc AC} = \text{arc BD.} \quad \text{Donc...}$$

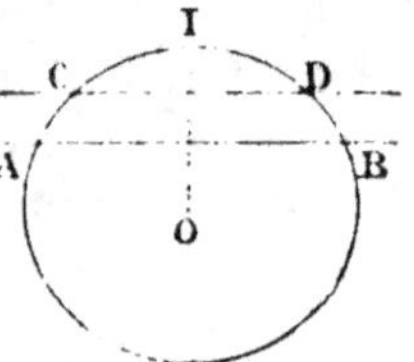

Arc AC = arc DB.

Fig. 76.

CHAPITRE II

MESURE DES ANGLES

Définitions.

78. *Un angle au centre* est un angle qui a son sommet au centre de la circonférence.

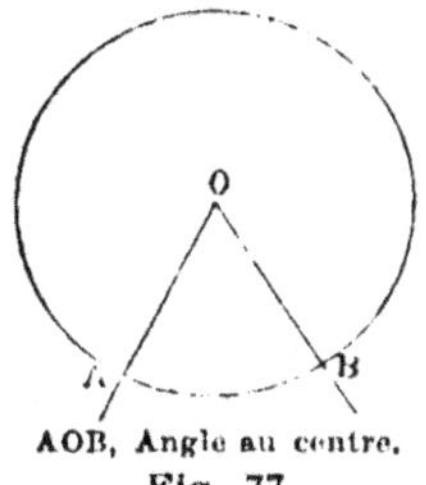

AOB, Angle au centre.
Fig. 77.

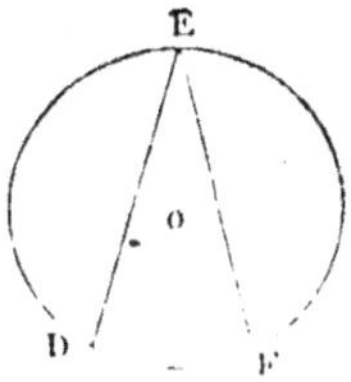

DEF, Angle inscrit.
Fig. 78.

Un angle inscrit est un angle qui a son sommet sur la circonférence, et dont les côtés sont des cordes.

79. Mesure des angles. La circonférence étant divisée en 360 parties égales appelées *degrés* et la demi-circonférence en 180°, prenons deux règles articulées OA et OD, plaçons leur point de rencontre au centre de la circonférence (fig. 79). La règle OA restant fixe dans la direction OA, si l'on fait tourner l'autre règle OD dans le plan du cercle, on voit aisément

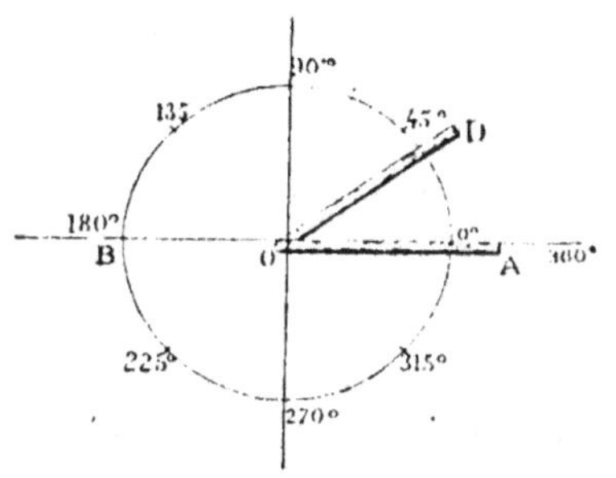

Fig. 79.

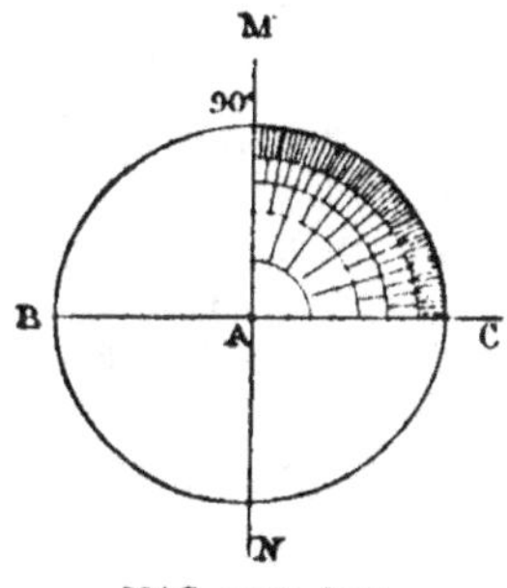

MAC, angle droit.
Fig. 80.

que la grandeur de l'angle varie avec l'arc AD compris entre ses côtés. Lorsque cet arc devient double, triple, etc., l'angle AOD devient lui-même double, triple, etc.

C'est pourquoi *la mesure d'un angle est la même que celle de l'arc de cercle décrit de son sommet comme centre, et compris entre ses côtés.*

Si au centre A d'une circonférence on mène deux diamètres perpendiculaires, on forme quatre angles droits, et on divise la circonférence en quatre arcs égaux, de chacun 90 degrés (fig. 80).

L'*angle droit*, embrassant le quart de la circonférence décrite de son sommet comme centre, a pour mesure 90 degrés.

L'*angle aigu* a pour mesure moins de 90 degrés.

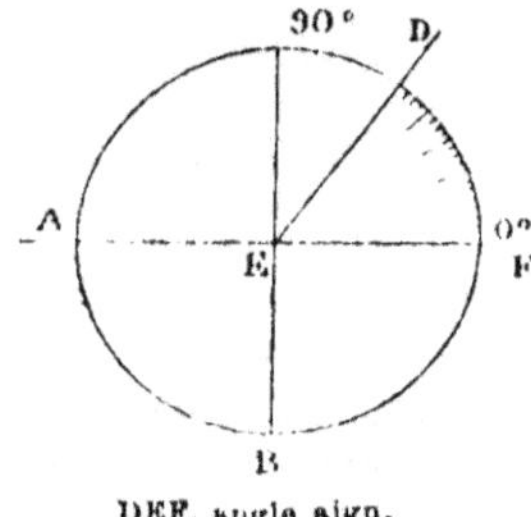

DEF, angle aigu.
Fig. 81.

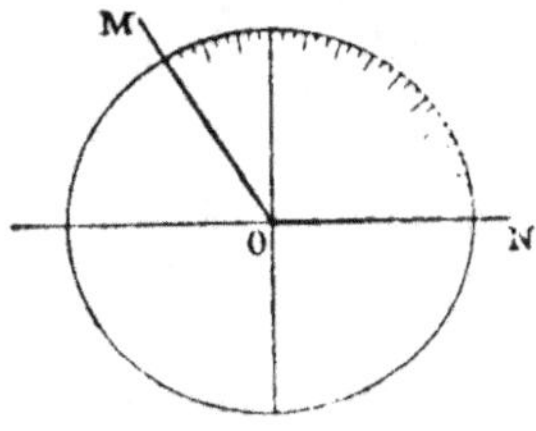

MON, angle obtus.
Fig. 82.

L'*angle obtus* a pour mesure plus de 90 degrés.

80. Rapporteur. Le *rapporteur* est un instrument qui sert à mesurer et à reproduire les angles. C'est un demi - cercle gradué, ordinairement de corne transparente ou de cuivre, et alors évidé. Le bord circulaire ou *limbe* est divisé en 180 degrés (quelquefois en demi-degrés). Les divisions sont numérotées de 10 en 10 degrés, et la graduation est double, afin que l'on puisse mesurer les arcs de droite à gauche ou de gauche à droite. Le diamètre AB se nomme *ligne de foi*.

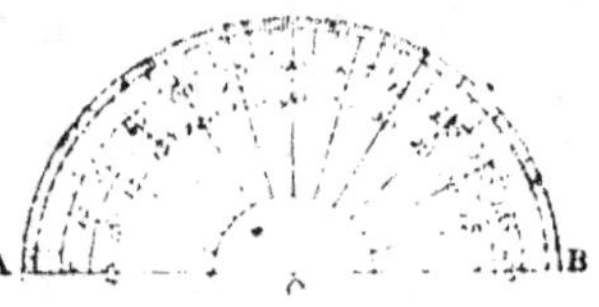

Rapporteur.
Fig. 83.

81. Application. Pour mesurer un angle MON, on place le centre du rapporteur au sommet de l'angle, et l'on dirige la ligne de foi sur l'un des côtés ON. Le second côté OM marque sur le limbe le nombre de degrés de l'angle.

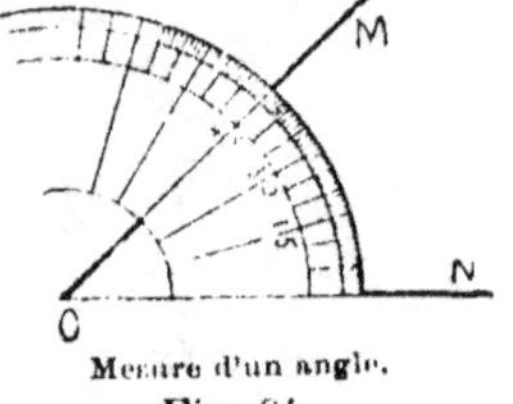

Mesure d'un angle.
Fig. 84.

On lit ici 45° pour l'angle MON.

Théorème.

82. *L'angle inscrit a pour mesure la moitié de l'arc compris entre ses côtés* *.

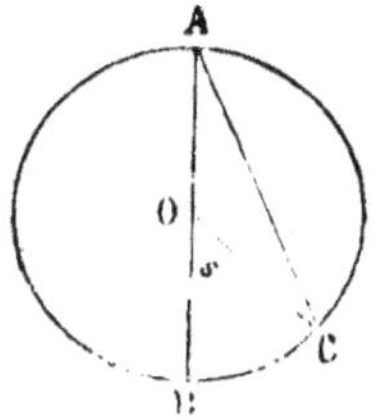

Fig. 85.

Soit A un angle inscrit, dont un côté AB passe par le centre. Si l'on mène le rayon OC, le triangle AOC est isocèle, et les angles A et C sont égaux (n° 38).

L'angle *s*, extérieur au triangle AOC, égale la somme des angles intérieurs non adjacents A et C (n° 54); ainsi l'angle **A** est moitié de *s*. L'angle *s* ayant pour mesure l'arc BC, l'angle A aura pour mesure la moitié de BC.

Donc, *l'angle inscrit a pour mesure la moitié de l'arc compris entre ses côtés.*

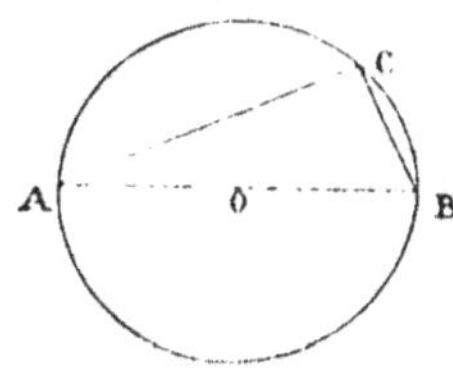

Fig. 86.

83. Vérification. Si l'on mesure directement, à l'aide du rapporteur, l'angle A et l'arc BC, on reconnaîtra que l'angle A inscrit a pour mesure la moitié de l'arc BC.

Dans la figure 85, l'angle A ayant pour mesure $28°\,^1/_2$, l'arc BC aura pour mesure 57°.

84. Corrollaire I. *L'angle inscrit dans une demi-circonférence est un angle droit.*

En effet, l'angle C a pour mesure la moitié de la demi-circonférence, c'est-à-dire 90 degrés (fig. 86).

CHAPITRE III

POLYGONES RÉGULIERS

Définitions.

85. Un *polygone régulier* est un polygone qui a tous ses côtés égaux et tous ses angles égaux.

---

* Cette proposition signifie que le nombre des degrés de l'angle inscrit est la moitié du nombre des degrés de l'arc compris entre ses côtés.

Le *triangle équilatéral* et le *carré* sont des polygones réguliers.

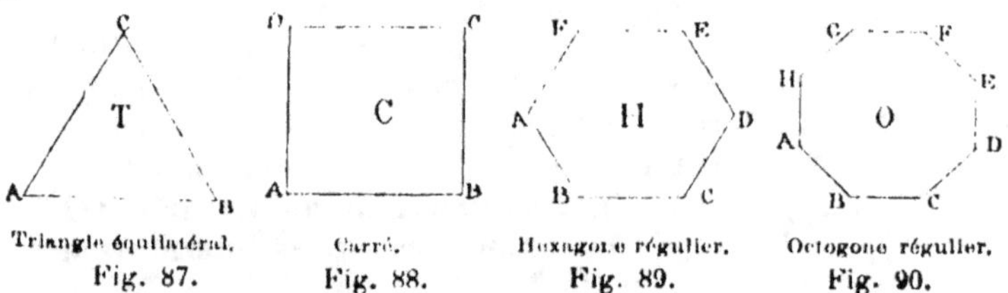

Triangle équilatéral.
Fig. 87.

Carré.
Fig. 88.

Hexagone régulier.
Fig. 89.

Octogone régulier.
Fig. 90.

Un *polygone inscrit* est un polygone qui a tous ses sommets sur la circonférence.

Un *polygone circonscrit* est un polygone dont tous les côtés sont tangents à la circonférence.

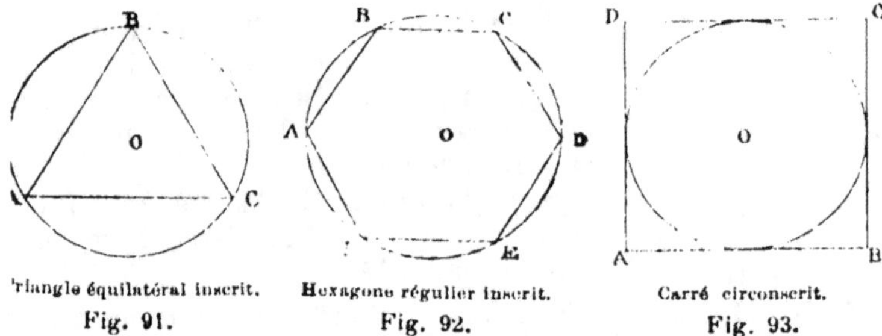

Triangle équilatéral inscrit.
Fig. 91.

Hexagone régulier inscrit.
Fig. 92.

Carré circonscrit.
Fig. 93.

Le *centre d'un polygone régulier* est le point qui est à a fois le centre de la circonférence inscrite et de la circonérence circonscrite à ce polygone.

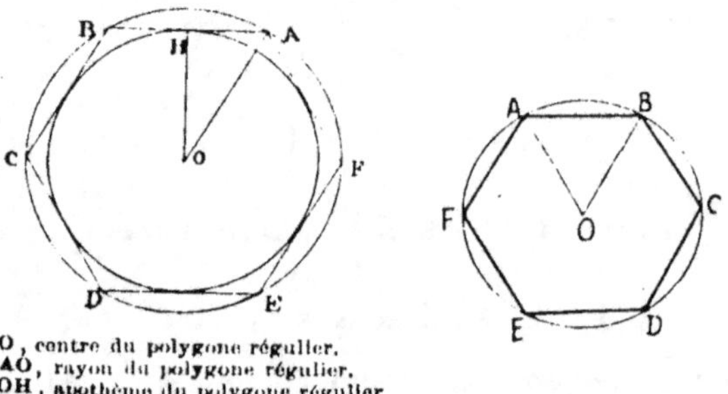

O, centre du polygone régulier.
AO, rayon du polygone régulier.
OH, apothème du polygone régulier
Fig. 94.

Fig. 95.

Le *rayon d'un polygone régulier* est la droite menée du entre du polygone au sommet de l'un des angles; c'est le rayon du cercle circonscrit.

2 — Cours moyen.

L'apothème d'un polygone régulier est la perpendiculaire abaissée du centre sur un des côtés ; c'est le rayon du cercle inscrit.

Exemple : HO est l'apothème du polygone ABCDEF.

L'angle au centre d'un polygone régulier est l'angle formé par deux rayons aboutissant aux extrémités d'un même côté.

Exemple : L'angle AOB est un angle au centre (fig. 95).

L'angle d'un polygone régulier est l'angle formé par deux côtés consécutifs.

Exemple : L'angle BCD est l'angle du polygone ABCDEF (fig. 95).

Théorème.

86. *Le côté de l'hexagone régulier inscrit est égal au rayon du cercle circonscrit.*

Supposons inscrit un hexagone régulier. Il faut démontrer que le côté AB égale le rayon OA, ou en d'autres termes que le triangle AOB est équilatéral.

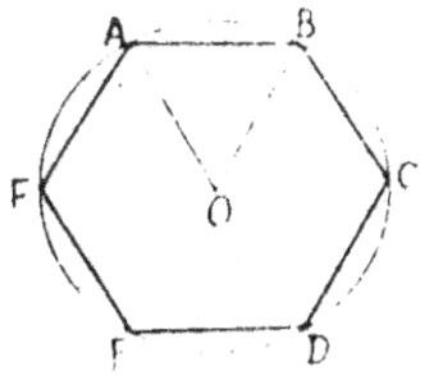

L'angle au centre $AOB = \dfrac{360}{6} = 60°$.

La somme des angles OAB et OBA égale $180° - 60° = 120°$. Les côtés OA et OB sont égaux comme rayons ; le triangle AOB est donc isocèle, et les deux angles

Hexagone régulier inscrit.
Fig. 96.

en A et en B sont égaux entre eux, et chacun égale $\dfrac{120}{2} = 60°$.

Les trois angles du triangle AOB sont donc égaux ; il en est de même des trois côtés ; donc le triangle est équilatéral, et par suite AB = AO.

C'est ce qu'il fallait démontrer.

Voir les applications sur les deux premiers livres à la page **80**.
Voir les exercices proposés à la page **106**.

LIVRE III

FIGURES SEMBLABLES

CHAPITRE I

LIGNES PROPORTIONNELLES

87. *Le rapport de deux lignes est le même que le rapport des nombres qui expriment leurs longueurs.*

Les deux lignes a et b, qui ont 5^m et 7^m, sont dans le rapport de ces deux nombres; on peut écrire : $\dfrac{a}{b} = \dfrac{5}{7}$.

Rapport de deux lignes.
Fig. 97

88. *Deux lignes sont proportionnelles à deux autres lignes, lorsque le rapport des deux premières est égal au rapport des deux dernières.*

89. *Une ligne moyenne proportionnelle à deux autres, est une ligne qui occupe les moyens dans une proportion dont les deux autres lignes occupent les extrêmes.*

La ligne b de 4^m est moyenne proportionnelle aux deux lignes a et c, qui ont 2^m et 8^m. On a, en effet, $\dfrac{2}{4} = \dfrac{4}{8}$, ou, en remplaçant les nombres par les lignes, $\dfrac{a}{b} = \dfrac{b}{c}$.

b, moyenne proportionnelle.
Fig. 98.

Théorème.

90. *Les parallèles qui déterminent des parties égales sur une sécante donnée, déterminent aussi des parties égales sur toute autre sécante.*

Démonstration. Soit AB, CD, EF des parallèles qui déterminent sur AG des parties égales AC = CE = EG.

Il faut prouver que ces parallèles déterminent aussi des

parties égales entre elles sur toute autre sécante BH, c'est à-dire que BD = DF = FH.

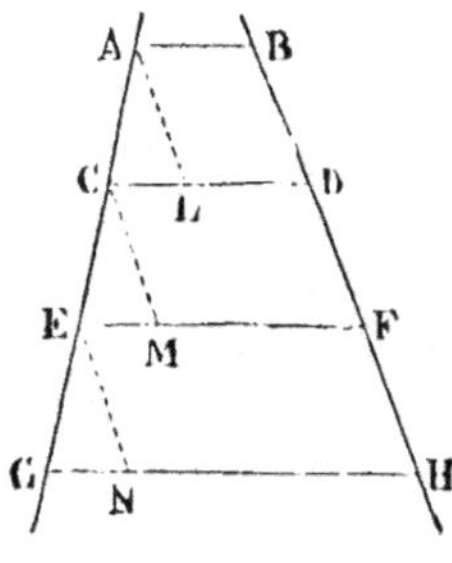

Fig. 99.

Menons parallèlement à BH les droites AL, CM, EN; ces droites sont égales respectivement aux segments BD, DF, FH, comme côtés opposés de parallélogrammes. Il suffit donc de prouver que AL = CM = EN.

Or les triangles ACL, CEM, EGN sont égaux comme ayant un côté égal adjacent à des angles respectivement égaux; car

AC = CE = EG par hypothèse.

Les angles CAL, ECM, GEN sont égaux comme correspondants, et les angles ACL, CEM, NEG sont aussi égaux comme correspondants.

Donc   AL = CM = EN

par suite,   BD = DF = FH   Donc...

91. Remarque I. *Le théorème précédent trouve une application immédiate dans la division d'une droite en parties égales.*

Division d'une droite en parties égales.

Fig. 100.

Soit à diviser AB en cinq parties égales. A partir du point A menez une droite quelconque AC, sur laquelle vous portez cinq parties égales, et joignez le point C au point B. Puis, par les points de division de AC, menez des parallèles à BC; elles donnent des parties égales sur AB.

92. Remarque II. *Pour partager une ligne AB (fig. 101) en parties proportionnelles à des nombres, 10 et 7 par exemple, on procède comme il suit :*

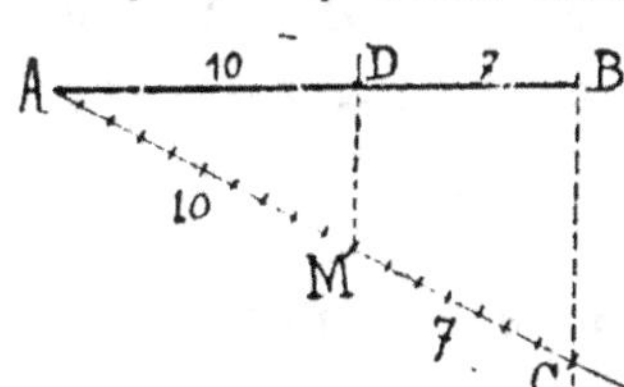

Division d'une droite en parties proportionnelles.

Fig. 101.

A partir du point A, on tire une ligne indéfinie AC sur laquelle, à partir du même point, on porte $10 + 7 = 17$ divisions égales; puis on joint les points B et C, et du point M on mène une droite MD parallèle à BC.

Entre A et D on aura 10 divisions égales entre elles, et entre D et B on aura 7 de ces mêmes divisions. Donc $\dfrac{AD}{DB} = \dfrac{10}{7}$.

§ I. Triangles semblables.

Définitions.

93. *Deux triangles sont semblables lorsqu'ils ont leurs angles respectivement égaux et leurs côtés homologues proportionnels.*

94. Deux triangles jouissent de ces propriétés dans les trois cas suivants, qu'on appelle les trois cas de similitude.

Cas de similitude des triangles.

1er cas. *Deux triangles sont semblables lorsqu'ils ont deux angles respectivement égaux.*

EXEMPLE : Si les deux triangles ABC et DEF (fig. 102) ont les angles A = D, B = E, ces triangles sont semblables.

2° cas. *Deux triangles sont semblables lorsqu'ils ont un angle égal compris entre des côtés proportionnels.*

EXEMPLE : Si les deux triangles ABC et DEF ont l'angle C = F et les côtés de ces angles proportionnels, c'est-à-dire $\dfrac{AC}{DF} = \dfrac{BC}{EF} = \dfrac{AB}{DE}$, ces deux triangles sont semblables.

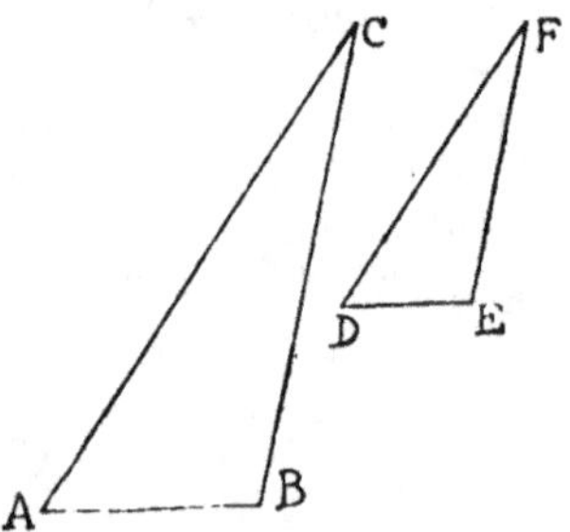

Triangles semblables.
Fig. 102.

3e cas. *Deux triangles sont semblables lorsqu'ils ont les trois côtés proportionnels.*

EXEMPLE : Si les deux triangles ABC et DEF ont leurs côtés proportionnels $\dfrac{AB}{DE} = \dfrac{AC}{DF} = \dfrac{BC}{EF}$, ces deux triangles sont semblables (fig. 102).

95. Remarque. *Lorsque dans un triangle on mène une parallèle à la base, on forme dans ce triangle un nouveau triangle qui lui est semblable.*

EXEMPLE : La ligne DE, parallèle à BC, détermine dans le triangle ABC un nouveau triangle DCE qui lui est semblable (fig. 103).

96. Cette remarque peut servir à diviser une ligne en parties égales.

Soit à partager une droite en 7 parties égales.

Sur une droite indéfinie MN, portez 7 divisions égales quelconques, et avec la longueur obtenue MN formez un triangle équilatéral MNO. Joignez au sommet les points de division de la ligne MN.

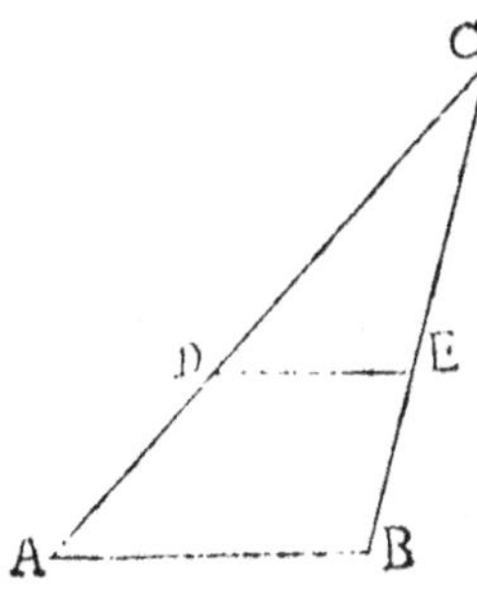

ACB semblable à DCE.
Fig. 103.

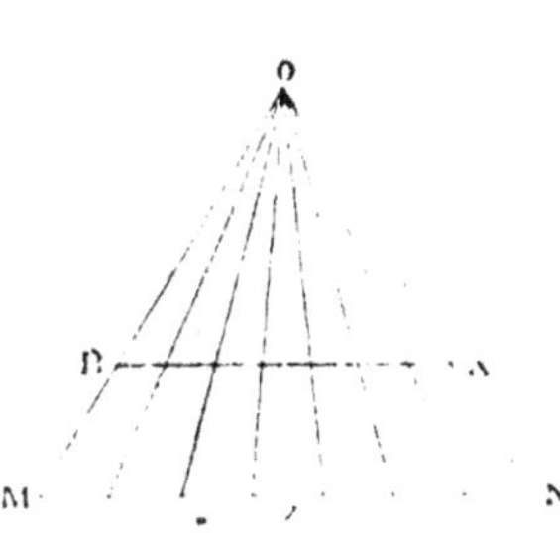

Division d'une droite en parties égales
Fig. 104.

Ensuite, avec une ouverture de compas égale à la longueur de la ligne à diviser, du point O comme centre, coupez en A et en B les côtés du triangle, et menez AB, qui sera parallèle à MN et sera divisée en 7 parties égales.

Cette ligne AB = BO égale la ligne donnée.

CHAPITRE II

POLYGONES ET FIGURES SEMBLABLES

Définitions.

97. On appelle *polygones semblables* des polygones qui ont les angles respectivement égaux, et les côtés homologues proportionnels.

On appelle *côtés homologues*, dans les figures semblables, les côtés qui sont adjacents aux angles respectivement égaux.

EXEMPLE : La figure 105 montre deux polygones semblables. La figure 106 montre deux triangles semblables. Dans ces diverses figures les côtés AB et *ab* sont des côtés homologues.

On appelle *rapport de similitude* le nombre qui exprime le rapport des côtés homologues.

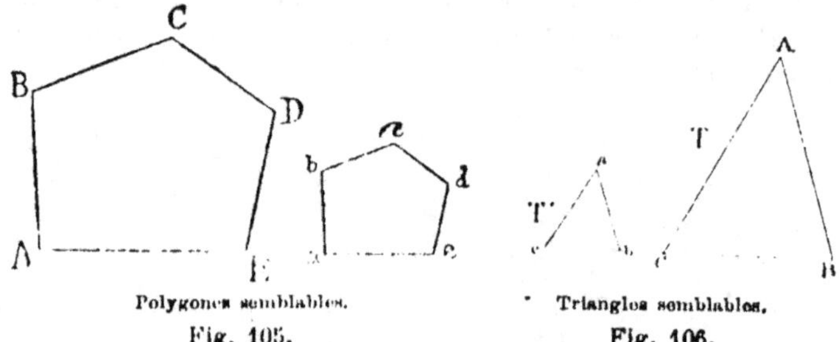

Polygones semblables.
Fig. 105.

Triangles semblables.
Fig. 106.

Les polygones semblables (fig. 105) ont les angles respectivement égaux : $A = a$, $B = b$, $C = c$, $D = d$, et les côtés homologues proportionnels :

$$\frac{AB}{ab} = \frac{BC}{bc} = \frac{CD}{cd} = \frac{DE}{de} = \frac{EA}{ea}.$$

Les triangles T et T' ont les angles $A = a$, $B = b$, $C = c$, et les côtés proportionnels $\dfrac{AB}{ab} = \dfrac{AC}{ac} = \dfrac{BC}{bc}$.

98. *Deux figures semblables ont même forme sans avoir même grandeur.*

Deux cercles sont toujours des figures semblables (fig. 107).

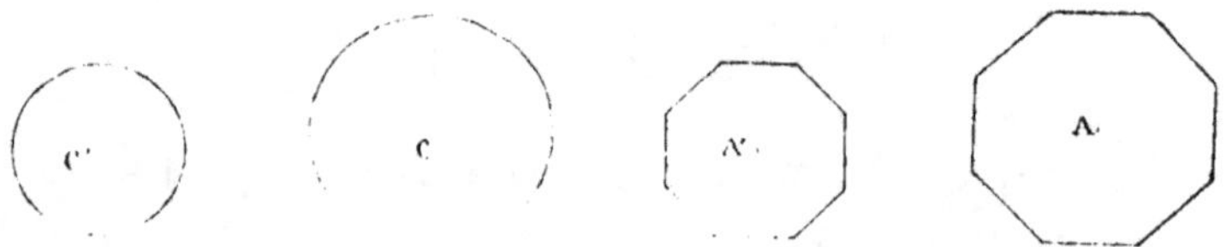

Fig. 107.   Fig. 108.

Deux carrés sont toujours des figures semblables.

Deux polygones réguliers d'un même nombre de côtés sont toujours des figures semblables (fig. 108).

CHAPITRE III

POLYGONES SEMBLABLES

*** 99. Propriété.** *Deux polygones semblables peuvent être décomposés en un même nombre de triangles semblables chacun à chacun, et semblablement disposés.*

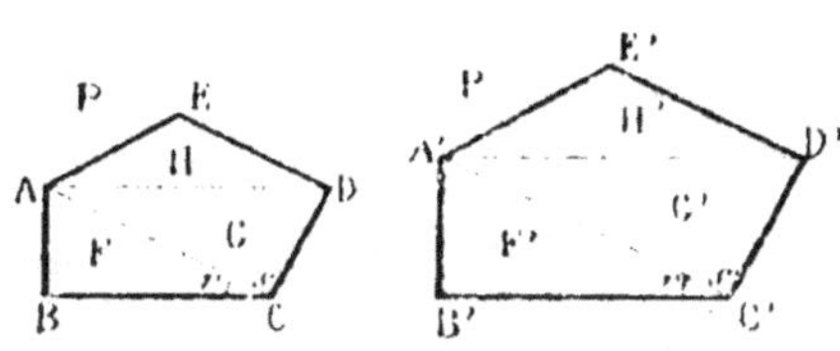

Polygones semblables décomposés en triangles.
Fig. 109.

Si des sommets A et A' (fig. 109) on mène des diagonales à tous les autres sommets, on décomposera les deux polygones P et P' en trois triangles semblables : le triangle H semblable au triangle H', le triangle G semblable au triangle G', et le triangle F semblable au triangle F'.

Théorème.

100. *Les périmètres de deux polygones semblables sont entre eux comme deux côtés homologues, ou comme deux lignes homologues quelconques.*

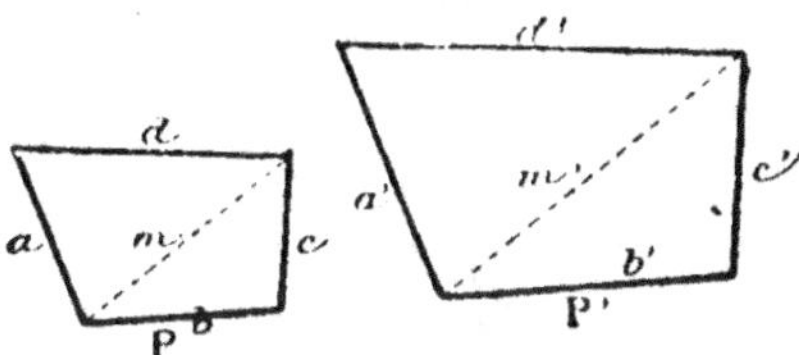

Rapport des périmètres des polygones semblables.
Fig. 110.

*** Démonstration.** Les polygones P et P' étant semblables, on a :

$$\frac{a}{a'} = \frac{b}{b'} = \frac{c}{c'} = \frac{d}{d'}$$

d'où, en faisant la somme des numérateurs et celle des dénominateurs, il vient :

$$\frac{a+b+c+d}{a'+b'+c'+d'} = \frac{a}{a'} = \frac{b}{b'} = \frac{c}{c'} = \frac{d}{d'} = \dots \frac{m}{m'}$$ puisque par

les triangles semblables on a $\frac{d}{d'} = \frac{m}{m'}$.

Dans cette suite de rapports égaux, on voit que le rapport des deux périmètres est le même que le rapport de deux côtés $\frac{a}{a'}$ ou de deux lignes homologues, $\frac{m}{m'}$. Donc...

101. Remarque I. *Les périmètres de deux polygones réguliers d'un même nombre de côtés sont entre eux comme les rayons ou comme les apothèmes.*

C'est une conséquence immédiate de la similitude des polygones semblables, puisque deux polygones réguliers sont

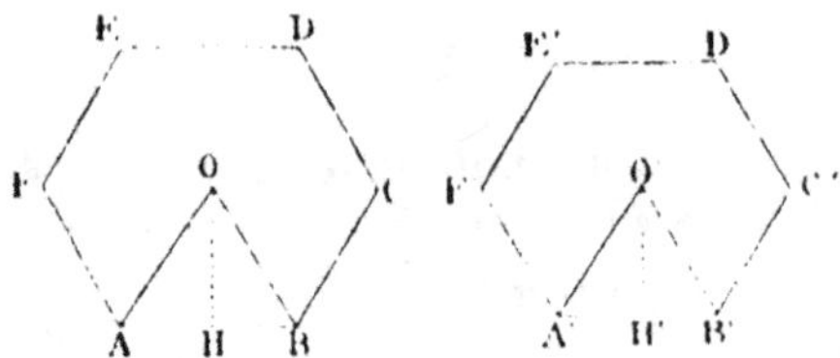

Rapport des périmètres des polygones réguliers.

Fig. 111.

des figures semblables et que les rayons et les apothèmes sont des lignes homologues.

Ainsi les périmètres ABCDEF et A'B'C'D'E'F' sont dans le même rapport que les rayons OA et O'A' ou que les apothèmes OH et O'H'.

102. Rapport de deux circonférences. *Deux circonférences sont entre elles comme leurs rayons ou comme leurs diamètres.*

En effet, les circonférences C et C' peuvent être considérées comme les périmètres de deux polygones réguliers d'un même nombre de côtés, et l'on retombe dans le cas du numéro précédent.

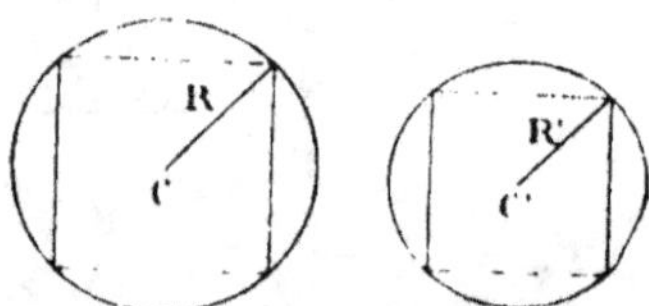

Rapport de deux circonférences.

Fig. 112.

Donc deux circonférences sont entre elles comme leurs rayons ou leurs diamètres.

Si l'on représente les circonférences par C et C, les rayons par R et R' et les diamètres par D et D', on écrira :

$$\frac{C}{C'} = \frac{R}{R'} = \frac{D}{D'}.$$

103 LE NOMBRE π. *Le rapport de la circonférence au diamètre est un nombre constant.*

En effet, dans l'égalité, $\dfrac{C}{C'} = \dfrac{D}{D'}$.

Si l'on change les moyens de place, on a :

$$\frac{C}{D} = \frac{C'}{D'}.$$

c'est-à-dire que le quotient de la circonférence C par son diamètre D est le même que le quotient de la circonférence C' par son diamètre D'.

Et il en est de même pour toutes les circonférences.

Ce quotient, qu'on obtient en divisant toute circonférence par son diamètre, est donc un nombre constant.

Il vaut 3,14159265358..., qu'on limite avec approximation pour le calcul à 3,1416.

On le désigne par la lettre grecque π (que l'on prononce *pi*).

On a donc : $\dfrac{C}{D} = 3,1416$.

ou $\dfrac{C}{D} = \pi$

104. LONGUEUR DE LA CIRCONFÉRENCE. *La longueur de la circonférence égale le diamètre multiplié par π.*

En effet, l'égalité ci-dessus, $\dfrac{C}{D} = \pi$, donne $C = \pi \times D$,

c'est-à-dire que la circonférence égale le diamètre multiplié par π.

Si l'on remplace le diamètre par 2R, on a $C = 2\pi R$.

EXEMPLE : Soit à calculer la *circonférence* d'une roue de 1^{m}20 de diamètre.

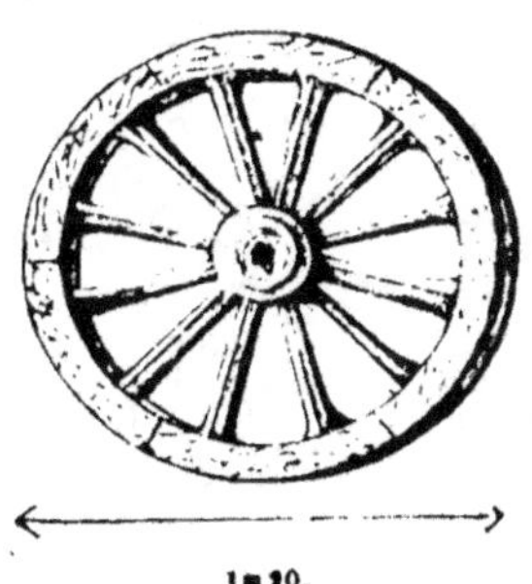

Fig. 113.

Je multiplie le diamètre par π, c'est-à-dire 1^{m}20 par 3,1416.

1^{m}20 $\times$ 3,1416 = 3^{m}77. longueur de la circonférence.

105. Longueur du diamètre. *Le diamètre égale la circon-férence divisée par* π.

En effet, de l'égalité $2\pi R = C$ on tire, en divisant de part et d'autre par π :

$$2R = \frac{C}{\pi}.$$

Donc le diamètre d'une circonférence égale la circonfé-rence divisée par π.

* **106. Remarque I.** *Diviser la circonférence par* π *revient à la multiplier par* $\frac{1}{\pi}$; or $\frac{1}{\pi}$, ou $\frac{1}{3,1416} = 0,31831$.

Remarque II. Lorsqu'on divise l'unité par un nombre quelconque, on obtient un quotient qu'on est convenu d'ap-peler l'*inverse* de ce nombre.

Exemple : L'inverse de

$$8 \text{ est } \frac{1}{8} = 0,125$$

L'inverse de

$$2,5 \text{ est } \frac{1}{2,5} = 0,4$$

L'inverse de

$$\pi \text{ est } \frac{1}{3,1416} = 0,31831$$

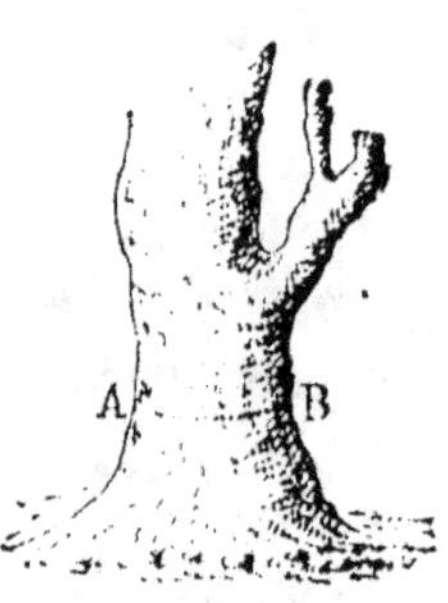

Fig. 114.

Donc la règle ci-dessus revient à dire :

Le diamètre égale la circonférence multipliée par l'in-verse de π.

Exemple : Un arbre a 2^m40 de circonférence ; quel est son diamètre ?

Je multiplie 2^m40 par $0,31831$; $2^m40 \times 0,31831 = 0^m764$, longueur du diamètre.

Voir les applications sur le Livre III à la page **112**.
Voir les exercices proposés à la page **115**.

LIVRE IV

SURFACES

CHAPITRE I

ÉVALUATION DES SURFACES

Définitions.

107. Une *surface* est une étendue considérée sous deux dimensions.

EXEMPLES : La surface d'un plancher où l'on considère la longueur et la largeur, la surface d'un mur où l'on considère la longueur et la hauteur.

Deux surfaces sont égales lorsqu'elles peuvent coïncider.

Deux surfaces sont équivalentes lorsqu'elles ont la même étendue sans avoir la même forme.

On emploie le mot *aire* pour désigner le nombre qui exprime la surface d'une figure.

108. Surface du rectangle. *La surface d'un rectangle égale le produit de sa base par sa hauteur.*

Démonstration. Soit le rectangle ABCD ayant 7 mètres de base et 4 mètres de hauteur. Je dis que sa surface est égale à $7 \times 4 = 28$ mètres carrés.

En effet, je divise la hauteur de ce rectangle en **4** parties égales, et par les points de division je mène des parallèles à la base; le rectangle est décomposé en 4 rectangles de 7 mètres de base sur 1 mètre de hauteur.

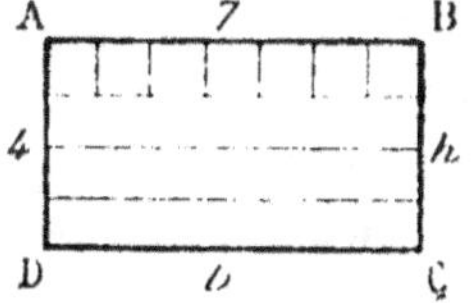

Surface du rectangle $= b \times h$.

Fig. 115.

Chaque rectangle partiel peut être divisé en 7 parties égales, dont chacune est *un mètre carré*.

Le rectangle contient donc 4 fois 7 mètres carrés ou $7 \times 4 = 28$ mètres carrés.

109. Surface du carré. *La surface d'un carré est égale au produit du côté par lui-même.*

Un carré est un rectangle dont la base égale la hauteur.

Un carré de 5 mètres de côté a donc pour surface $5 \times 5 = 25$ mètres carrés.

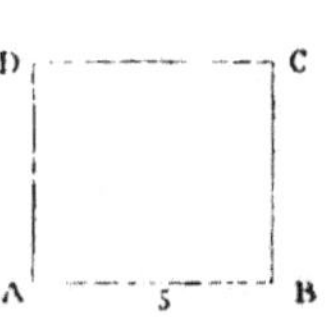

Surf. du car. $= AB \times AB$.

Fig. 116.

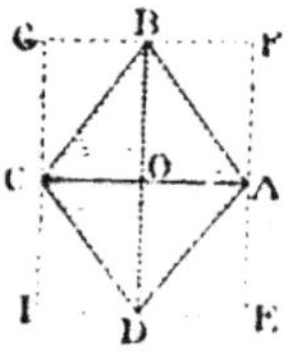

Surf. du los. $= \dfrac{AC \times BD}{2}$

Fig. 117.

110. Surface du losange. *La surface d'un losange est la moitié du produit de ses diagonales.*

Le losange ABCD est la moitié du rectangle EFGI construit sur les diagonales du losange, car, d'après la figure, le losange ne comprend que quatre des huit triangles égaux dont se compose le rectangle. La surface du rectangle étant exprimée par $GI \times IE$, celle du losange sera exprimée par $\frac{1}{2} GI \times IE$, ou, en remplaçant par des lignes égales, par $\frac{1}{2} BD \times CA$.

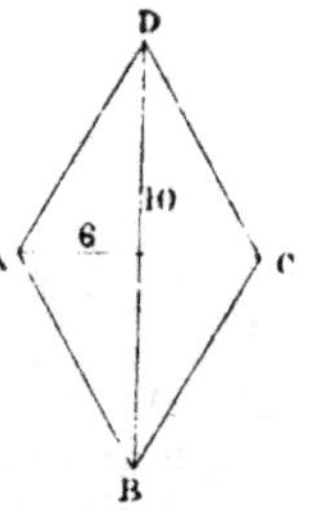

Losange.

Fig. 118.

EXEMPLE : Soit un losange ayant pour diagonales 10 mètres et 6 mètres (fig. 118). Pour avoir sa surface, je multiplie 10 par 6. J'obtiens 60 pour produit. Je prends la moitié de ce produit, et j'obtiens 30 mètres carrés de surface *.

Théorème.

111. Surface du parallélogramme. *La surface d'un parallélogramme égale le produit de sa base par sa hauteur.*

Démonstration. Soit le parallélogramme ABCD.

Prolongeons le côté DC, et élevons les perpendiculaires AF et BE.

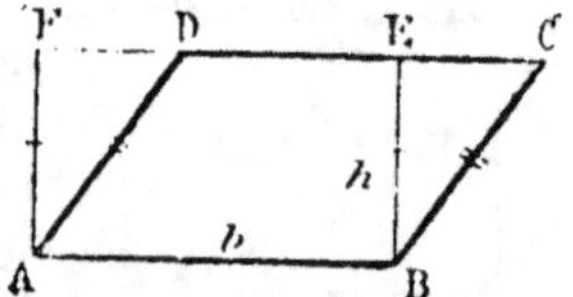

Surface du parallélogramme $= b \times h$.

Fig. 119.

Prouvons l'égalité des deux triangles BEC et ADF pour arriver à démontrer que le parallélogramme ABCD est équivalent au rectangle ADEF.

Les deux triangles BEC et ADF sont égaux comme ayant

---

* Des surfaces de 3 mètres carrés, de 5 décim. carrés, de 40 centim carrés s'écrivent en abrégé 3^{mq}, 5^{dq}, 40^{cq}, parce qu'autrefois le mot carré s'écrivait *quarré*.

un angle égal compris entre deux côtés égaux : BE = AF, BC = AD, et les angles FAD et EBC égaux comme ayant les côtés parallèles.

Si de la figure totale AFCB nous retranchons le triangle AFD, il reste le parallélogramme ADCB. — Si de cette même figure totale AFCB nous retranchons le triangle BEC, il reste le rectangle AFEB. Donc le parallélogramme est équivalent au rectangle. Or le rectangle a pour surface AB×BE. Donc le parallélogramme a de même pour surface AB×BE, c'est-à-dire le produit de sa base par sa hauteur.

Remarque. Dans un parallélogramme on prend pour *base* un côté quelconque ; la *hauteur* est la distance de la base au côté opposé.

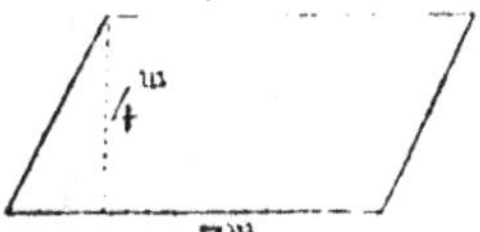

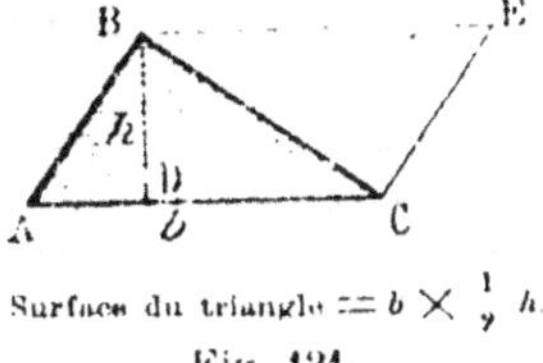

Parallélogramme.
Fig. 120.

EXEMPLE : Soit un parallélogramme ayant 7 mètres de base et 4 mètres de hauteur.

Pour obtenir sa surface, je multiplie 7 par 4. Ce qui donne $7 \times 4 = 28$ mètres carrés.

Théorème.

112. Surface du triangle. *La surface d'un triangle égale le produit de sa base par la moitié de sa hauteur.*

Démonstration. Soit le triangle ABC.

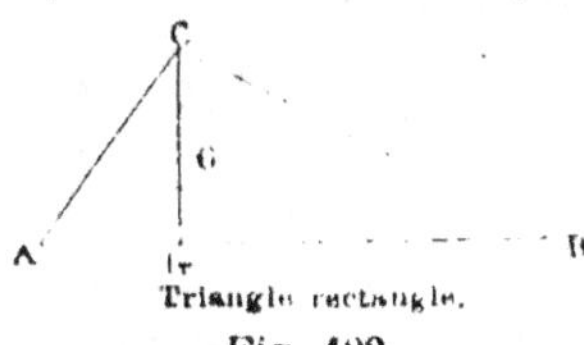

Surface du triangle $= b \times \frac{1}{2} h$.
Fig. 121.

Menons BE parallèle à AC et CE parallèle à AB, nous aurons le parallélogramme ABEC, de même base b et de même hauteur h que le triangle donné ABC.

Les deux triangles ABC et BCE sont égaux comme ayant les côtés respectivement égaux ; car BC est commun ; BE = AC comme côtés opposés d'un parallélogramme, CE = AB pour la même raison ; donc le triangle ABC est la moitié du parallélogramme ABEC, et par conséquent *la surface du triangle égale la moitié du produit de la base b par la hauteur h, ou (ce qui revient au même) le produit de la base par la moitié de la hauteur.*

EXEMPLE : Quelle est la surface d'un triangle ayant 14 mèt. de base et 6 mèt. de hauteur ?

Je multiplie 14 par 6, et je prends la moitié du produit.

$$\frac{14 \times 6}{2} = 42 \text{ mèt. carrés.}$$

Triangle rectangle.
Fig. 122.

113. Corollaire I. *Deux triangles de même base et de même hauteur sont équivalents.*

Soient deux triangles ABC et ABC' ayant même base b et même hauteur h; la surface de ces triangles est exprimée par le même produit $1/_2 \, bh$.

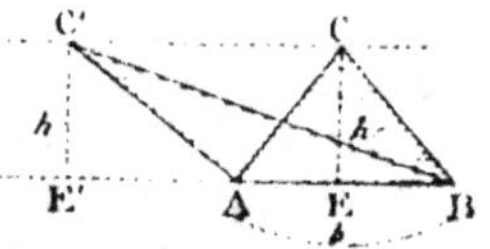

Triangles équivalents.
Fig. 123.

Il en résulte que le sommet d'un triangle peut se mouvoir sur une parallèle à la base sans que la surface du triangle soit changée, puisque tous les triangles que l'on forme ont même base et même hauteur que le triangle donné.

Théorème.

114. Surface du trapèze. *La surface d'un trapèze égale le produit de la demi-somme des bases par la hauteur.*

Démonstration. Soit le trapèze ABCD. Prolongeons l'une des bases AB, par exemple, d'une longueur BE égale à l'autre base CD, et menons ED.

Les triangles OBE et OCD sont égaux comme ayant un côté égal adjacent à des angles respective-

Surf. $= \dfrac{(AB + DC) \times h}{2}$.   Fig. 124.

ment égaux; car BE=DC par construction; l'angle D=E comme alternes-internes, l'angle C=B comme alternes-internes.

Si du trapèze on retranche le triangle DCO, et qu'on remplace ce triangle par son égal BEO, le trapèze est ramené au triangle ADE, et ne change pas de surface.

La surface du triangle ADE égale la moitié du produit de sa base AE par sa hauteur h; or AE=AB+BE=AB+DC égale la somme des bases du trapèze; donc, *la surface du trapèze égale la moitié du produit de la somme de ses bases par sa hauteur, ou, ce qui revient au même, le produit de la demi-somme des bases par la hauteur. Donc...*

Trapèze.
Fig. 125.

EXEMPLE : Soit un trapèze ayant 16 et 10 mètres de bases et 7 mètres de hauteur.

Je fais la demi-somme des bases $\dfrac{16+10}{2}$ et je multiplie par 7. Soit $\dfrac{16+10}{2} \times 7 = 91$ mètres carrés.

115. Surface d'un polygone quelconque. *La surface d'un polygone quelconque s'obtient par plusieurs procédés*

1er Procédé. *On décompose le polygone en triangles, on cherche la surface de chaque triangle séparément, et on fait leur somme* (fig. 126).

$$\text{Triangle } ABE = 18 \times \frac{10}{2} = 90$$

$$\text{«} \qquad BCE = 20 \times \frac{13}{2} = 130$$

$$\text{«} \qquad DCE = 20 \times \frac{11}{2} = 110$$

$$\text{Polygone total.} \qquad 330 \text{ m. q.}$$

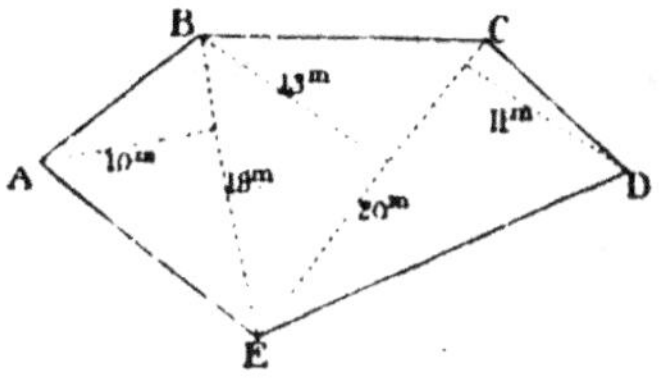

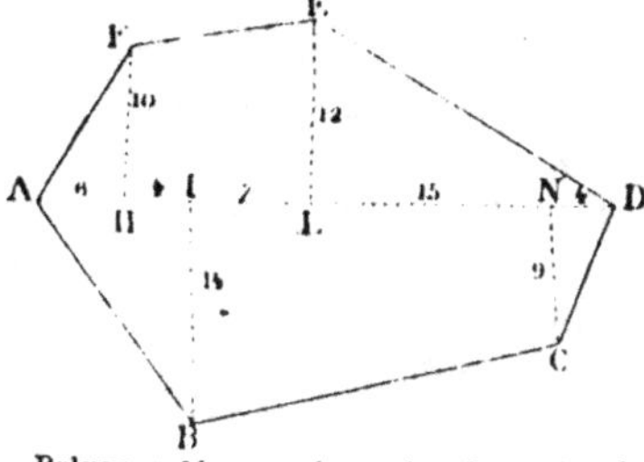

Polygone décomposé en triangles.

Fig. 126.

Polygone décomposé en triangles rectangles
et en trapèzes rectangles.

Fig. 127.

2e Procédé. *On décompose le polygone en triangles rectangles et en trapèzes rectangles* (fig. 127).

Pour cela on joint deux sommets du polygone, puis des autres sommets on abaisse des perpendiculaires sur cette droite. On cherche séparément les surfaces de ces triangles et de ces trapèzes rectangles, et on en fait la somme.

$$\text{Triangle } AFH = 6 \times \frac{10}{2} = 30$$

$$\text{«} \qquad ABI = 10 \times \frac{14}{2} = 70$$

$$\text{«} \qquad ELD = 19 \times \frac{12}{2} = 114$$

$$\text{«} \qquad DNC = 4 \times \frac{9}{2} = 18$$

$$\text{Total des triangles.} \quad 232 \qquad 232 \text{ m. q.}$$

$$\text{Trapèze } ELHF = 11\left(\frac{10 + 12}{2}\right) = 121$$

$$INCB = 22\left(\frac{14 + 9}{2}\right) = 253$$

$$\text{Total des trapèzes.} \quad 374 \qquad 374 \text{ m. q.}$$

$$\text{Surface du polygone.} \quad \ldots \quad 606 \text{ m. q.}$$

Théorème.

116. Surface du polygone régulier. *La surface d'un po-lygone régulier égale le produit du périmètre par la moitié de l'apothème.*

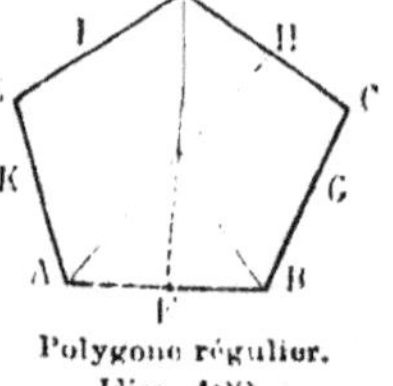

Polygone régulier.
Fig. 128.

Démonstration. Soit un polygone régulier ABCDE.

Ce polygone peut se décomposer en triangles égaux ayant leur sommet commun au centre du polygone, et comme hauteur égale, l'apothème du polygone. La somme des bases de ces triangles forme le périmètre du polygone.

La surface de tous ces triangles, ou la surface du polygone, est donc égale au produit du périmètre par la moitié de l'apothème.

Donc, *la surface d'un polygone régulier égale le produit du périmètre par la moitié de l'apothème.*

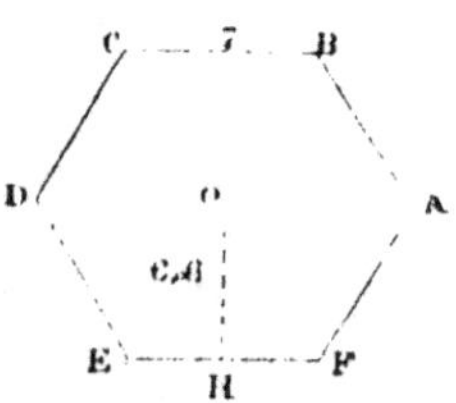

Polygone régulier.
Fig. 129.

Exemple : Soit un hexagone régulier ayant 7 mètres de côté et une apothème de 6 m 06.

Le périmètre est $7 \times 6 = 42$ mètres.
La moitié de l'apothème est 3,03.
Je multiplie 42 par 3,03.

$$42 \times 3,03 = 127^{mq},26.$$

Théorème.

117. Surface du cercle. *La surface d'un cercle égale le produit de la circonférence par la moitié du rayon.*

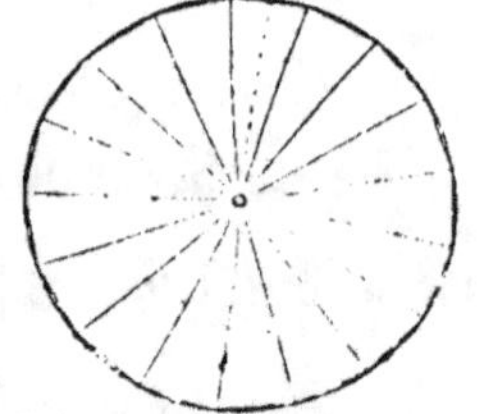

$$\text{Surf.} = \text{circonf.} \times \frac{R}{2}$$

Fig. 130.

Démonstration. Le cercle peut se décomposer en triangles très petits, ayant leur sommet commun au centre et le rayon pour hauteur ; la somme des bases de ces triangles forme la longueur de la circonférence.

La surface de tous ces triangles, ou la surface du cercle, est donc égale *au produit de la circonférence par la moitié du rayon.*

118. Autre manière plus généralement employée pour trouver la surface du cercle.

On a $$\text{Cercle} = \text{Circonf.} \times \tfrac{1}{2}\,\text{R}.$$

Remplaçons circonf. par sa valeur $2\pi\text{R}$, on a

$$\text{Cercle} = 2\pi\text{R} \times \tfrac{1}{2}\,\text{R} \quad \text{ou} \quad \pi \times 2\text{R} \times \tfrac{\text{R}}{2}.$$

Divisons le second facteur par 2, et multiplions le troisième par 2 :

$$\text{Cercle} = \pi \times \text{R} \times \text{R}.$$

$$\text{Cercle} = \pi\text{R}^2.$$

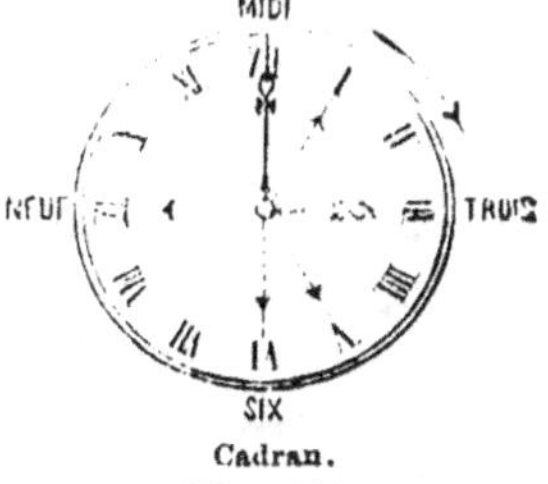

Cadran.

Fig. 131.

EXEMPLE. Soit à trouver la surface d'un cadran de $0^m\,45$ de rayon

Je fais le carré du rayon 0,45,
Et je multiplie par 3,1416.

$$0{,}45 \times 0{,}45 \times 3{,}1416 = 0^{mq}6361.$$

Secteur circulaire.

*** 119. Définition.** Un *secteur circulaire* est la surface comprise entre deux rayons et l'arc qu'ils déterminent.

EXEMPLE : le secteur AOB.

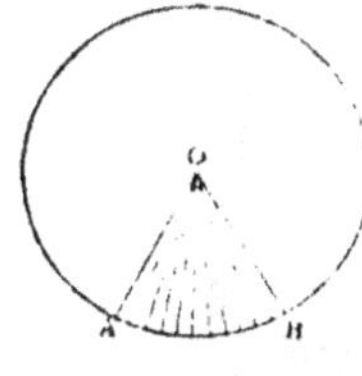

AOB, secteur.

Fig. 132.

*** 207. Surface du secteur.** *La surface d'un secteur égale le produit de l'arc par la moitié du rayon.*

Démonstration. Le secteur peut se décomposer en triangles très petits, ayant leur sommet commun au centre et le rayon pour hauteur ; la somme des bases de ces triangles forme la longueur de l'arc AB.

La surface de tous ces triangles, ou la surface du secteur AOB, est donc égale au *produit de l'arc* AB *par la moitié du rayon* AO.

EXEMPLE : Soit un secteur circulaire de 54° dans un cercle de 3 mètres de rayon.

Je cherche la longueur de la circonférence, qui est :
$$2 \times 3{,}1416 \times 3 = 18^m{,}8496.$$

Je divise par 360, et je multiplie par 54, ce qui donne la longueur de l'arc :
$$\frac{18{,}8496 \times 54}{360} = 2^m{,}8274.$$

Je multiplie l'arc par la moitié du rayon
$$2{,}8274 \times 1{,}5 = 4^{mq}{,}2411 \text{ surf. du secteur.}$$

Remarque. On peut encore obtenir la surface d'un secteur en divisant la surface du cercle par 360 et en multipliant le résultat par le nombre de degrés de l'arc du secteur.

EXEMPLE : Soit un secteur circulaire de 54° dans un cercle de 3^m de rayon.

Je cherche la surface du cercle $3 \times 3 \times 3,1416 = 28,2744$.

Je divise par 360, ce qui donne la surface du secteur d'un degré, et je multiplie par 54.

$$\frac{28,2744 \times 54}{360} = 4^{mq},2411 \text{ surface du secteur.}$$

Couronne circulaire.

120. Définition. On appelle *couronne circulaire* la surface comprise entre deux cercles concentriques.

EXEMPLE : Le dessus de la margelle d'un puits représente une couronne circulaire.

121. Surface de la couronne circulaire. *La surface d'une couronne circulaire s'obtient en cherchant la différence des surfaces des deux cercles.*

EXEMPLE : Soit une couronne circulaire ayant pour rayons 0^m80 et 0^m50 (fig. 134).

La surface du plus grand cercle est

$0,8 \times 0,8 \times 3,1416 = 2,010624.$

La surface du plus petit cercle est

$0,5 \times 0,5 \times 3,1416 = 0^{mq}785400.$

La surface de la couronne est

$2,010624 - 0,785400 = 1^{mq}225224.$

* **122. Remarque.** Désignons par R et r les rayons, et par S la surface d'une couronne (fig. 135).

On aura $S = \pi R^2 - \pi r^2$,
ou, en mettant π en facteur commun, $S = \pi (R^2 - r^2).$

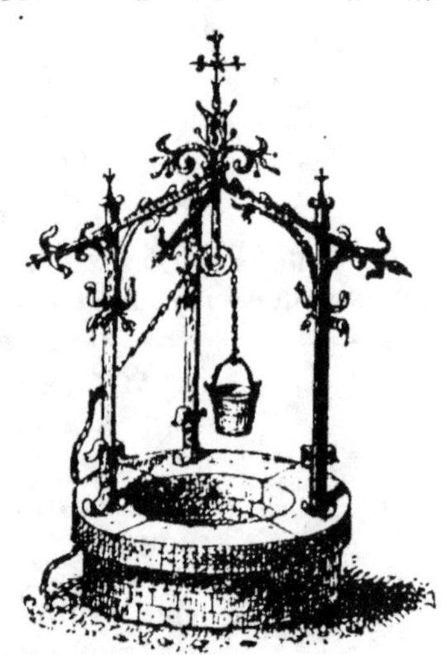

Puits.
Fig. 133.

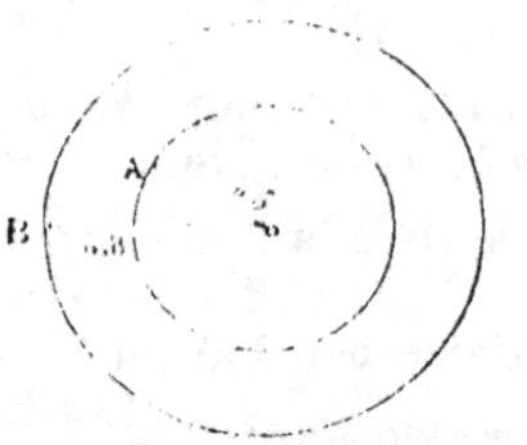

Plan de la margelle.
Fig. 134.

Ainsi on peut encore obtenir la surface d'une couronne circulaire en multipliant 3,1416, par la différence des carrés des rayons.

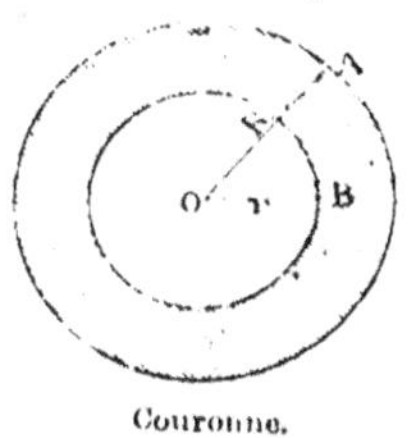

Couronne.

Fig. 135.

EXEMPLE : Soit une couronne ayant pour rayons 0ᵐ8 et 0ᵐ5.

La différence des carrés des rayons est

$$(0,8 \times 0,8) - (0,5 \times 0,5) = 0,39.$$

La surface de la couronne est

$$0,39 \times 3,1416 = 1^{mq},2252.$$

123. Définition. Un *segment circulaire* est la surface comprise entre une corde et l'arc qu'elle sous-tend.

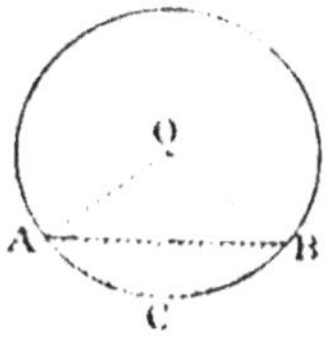

EXEMPLE : Le segment ACB (fig. 136).

ACB, segment.

Fig. 136.

124. Surface du segment. *Pour obtenir la surface du segment circulaire ABC, on évalue la surface du secteur AOBC, et l'on en retranche la surface du triangle AOB.*

EXEMPLE : Soit à calculer la surface du segment *msn* compris dans le fronton à arc brisé d'une croisée (fig. 137).

Je cherche la surface du secteur *msno*. Pour cela, je remarque que l'angle de ce secteur étant de 90°, la surface cherchée est le $\frac{1}{4}$ de celle du cercle de même rayon

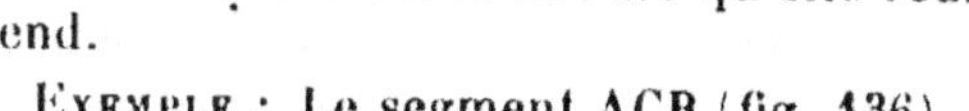

$$\frac{1,5 \times 1,5 \times 3,1416}{4} \times 1^{mq},76715.$$

Je calcule ensuite la surface du triangle rectangle isocèle *mon*. Or ce triangle est la $\frac{1}{2}$ du carré, qui a 1ᵐ,50 de côté.

Soit

$$\frac{1,5 \times 1,5}{2} = 1^{mq},125.$$

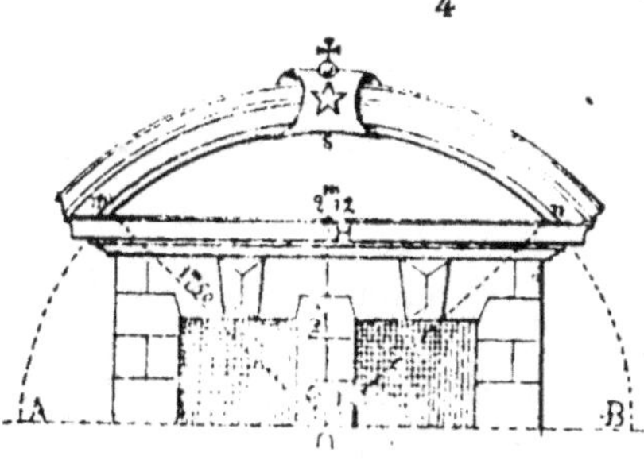

Croisée avec fronton ; mns segment.

Fig. 137.

Je fais la différence entre la surface du secteur et celle du triangle ; ce qui donne

$$1,76715 - 1,125 = 0^{mq},64215$$

pour la surface du segment.

125. Surface de l'ellipse. *La surface de l'ellipse s'obtient en multipliant π par le produit des deux demi-axes.*

$$S = \pi \times OA \times OB.$$

Remarque. Ordinairement on représente le grand axe AA' par $2a$ et le petit axe BB' par $2b$. La formule de la surface de l'ellipse devient, dans ce cas : $\quad S = \pi ab.$

Ellipse.

Fig. 138.

EXEMPLE : Soit un massif de jardin ayant la forme d'une ellipse dont les axes sont 12 mèt. et 8 mèt.

Sa surface sera $3,1416 \times 6 \times 4 = 75^{\text{mq}},3984.$

PREMIÈRE PROPRIÉTÉ DU TRIANGLE RECTANGLE

126. *Dans tout triangle rectangle, le carré de l'hypoténuse égale la somme des carrés des deux autres côtés.*

Ainsi, dans le triangle rectangle ABC (fig. 139), le carré R,

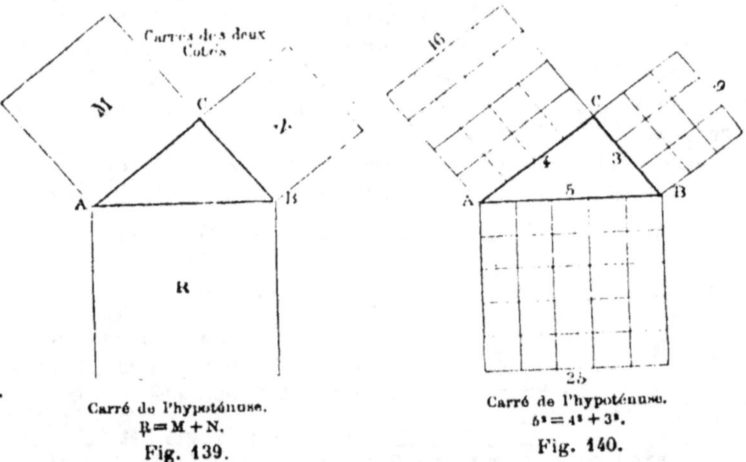

Carré de l'hypoténuse.
$R = M + N.$
Fig. 139.

Carré de l'hypoténuse.
$5^2 = 4^2 + 3^2.$
Fig. 140.

construit sur l'hypoténuse, égale la somme des carrés M et N construits sur les deux autres côtés.

On a : $\quad R = M + N.$

127. Soient les nombres 5, 4 et 3 dont les carrés sont 25, 16 et 9.

Comme $25 = 16 + 9$, j'en conclus, d'après la propriété précédente, qu'on formera un triangle rectangle en prenant trois lignes qui soient entre elles comme les nombres 5, 4, et 3 (fig. 140).

Application. Ces mêmes nombres 5, 4 et 3, peuvent servir à vérifier si deux murs sont à angles droits.

On peut opérer à l'extérieur ou à l'intérieur de l'angle de ces murs.

EXEMPLE : Soit à vérifier extérieurement si les murs AB et AD (fig. 141) sont à angle droit.

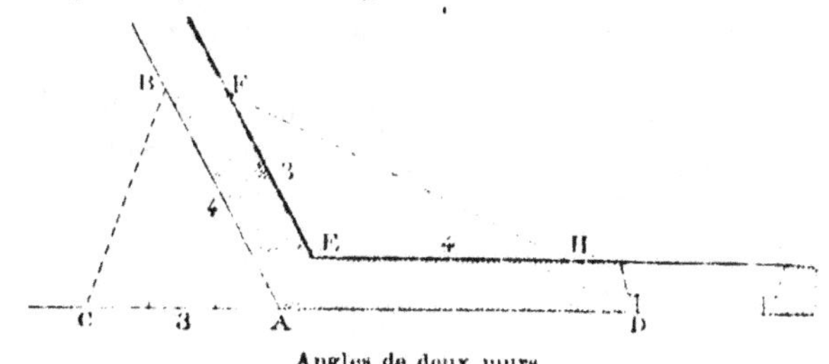

Angles de deux murs.
Fig. 141.

On porte 3 mètres sur le prolongement de DA, et 4 mèt. sur AB. Si la droite BC a moins ou plus de 5 mèt., l'angle des deux murs n'est pas droit.

On opérerait de la même manière à l'intérieur de l'angle.

DEUXIÈME PROPRIÉTÉ DU TRIANGLE RECTANGLE

128. *Dans tout triangle rectangle la hauteur est moyenne proportionnelle entre les deux segments qu'elle détermine sur l'hypoténuse.*

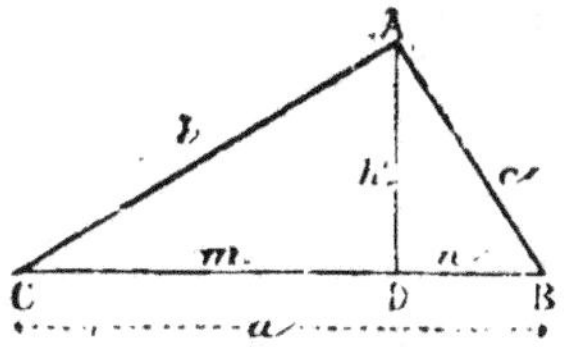

Triangle rectangle.
Fig. 142.

Ainsi la hauteur AD est moyenne proportionnelle entre les deux segments CD et BD. On a $\dfrac{CD}{AD} = \dfrac{AD}{BD}$, ou, en faisant le produit des moyens et le produit des extrêmes : $AD^2 = BD \times CD$, que l'on peut écrire : $h^2 = mn$.

129. Application. Cette propriété fournit un procédé pour obtenir la moyenne proportionnelle entre deux lignes données a et b.

Sur une droite AB on porte à la suite l'une de l'autre les deux lignes données $OA = a$ et $OB = b$. Ensuite, sur AB comme diamètre, on décrit une demi-circonférence, et l'on élève la perpendiculaire OD, qui est la moyenne proportionnelle de-

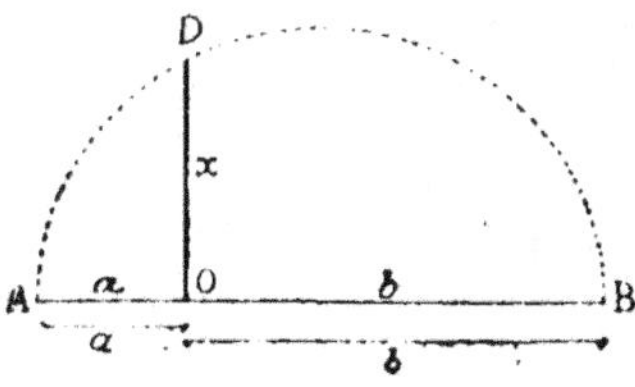

x, moyenne proportionnelle.
Fig 143.

mandée. En effet, si l'on menait les lignes AD et BD, on aurait un triangle ADB rectangle en D, car l'angle ADB est inscrit dans une demi-circonférence, et, en appliquant la propriété du triangle rectangle, on a bien

$$\frac{AO}{OD} = \frac{OD}{BO}.$$

Soit à calculer numériquement cette moyenne proportionnelle.

Si les deux segments de l'hypoténuse ont 9 mètres et 16 mètres, on peut écrire, en représentant la hauteur par x, la proportion suivante :

$$\frac{9}{x} = \frac{x}{16}, \qquad \text{d'où} \qquad x^2 = 9 \times 16 = 144.$$

D'où enfin $\qquad x = \sqrt{144} = 12.$

APPLICATION DES PROPRIÉTÉS DU TRIANGLE RECTANGLE

130. *Calculer la diagonale du carré de 5 mètres de côté.*

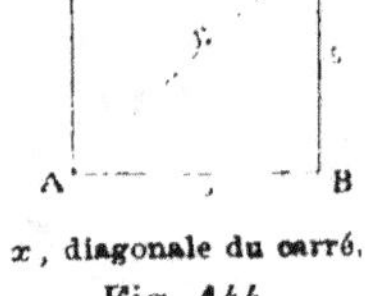

Soit x la diagonale AC ; cette diagonale est l'hypoténuse du triangle rectangle ABC, dont les deux côtés de l'angle droit sont les côtés mêmes du carré. On a donc, en appliquant la propriété du triangle rectangle,

$$x^2 = 5^2 + 5^2 = 25 + 25 = 50.$$

D'où $\qquad x = \sqrt{50} = 7^m\,071.$

x, diagonale du carré.

Fig. 144.

131. *Calculer la valeur du côté du carré inscrit dans un cercle de 5 mètres de rayon.*

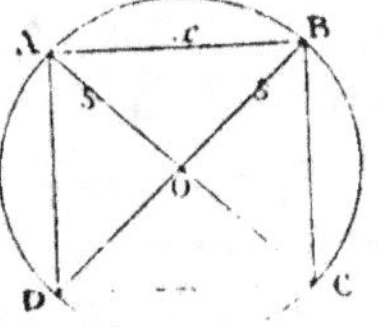

Soit le carré inscrit ABCD. Les diagonales AC et BD sont deux diamètres qui se croisent à angle droit. Dans le triangle rectangle AOB, les deux côtés de l'angle droit égalent 5 mèt. chacun, puisque ce sont deux rayons. L'hypoténuse AB est le côté cherché du carré. En désignant cette hypoténuse par x, nous pouvons écrire $\qquad x^2 = 5^2 + 5^2 = 50$

D'où $\qquad x = \sqrt{50} = 7,071.$

Carré inscrit.

Fig. 145.

132. *Calculer le côté du triangle équilatéral ACB inscrit dans un cercle de 5 mètres du rayon.*

Menons le diamètre DOB et joignons C et D. CD est égal au rayon, c'est le côté de l'hexagone inscrit.

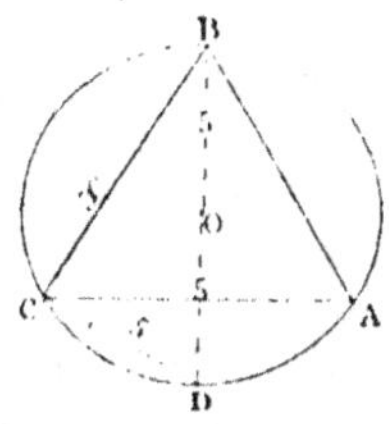

Triangle équilatéral inscrit.
Fig. 146.

Le triangle DCB est rectangle, car DB étant un diamètre, l'angle DCB est inscrit dans une demi-circonférence.

Or, dans un triangle rectangle, le carré d'un côté quelconque de l'angle droit égale le carré de l'hypoténuse, diminué du carré de l'autre côté. On aura donc

$$BC^2 = BD^2 - CD^2$$

ou

$$BC^2 = 10^2 - 5^2 = 75$$

d'où

$$BC = \sqrt{75} = 8^m 66.$$

133. *Calculer la hauteur d'un triangle équilatéral de 6 mètres de côté.*

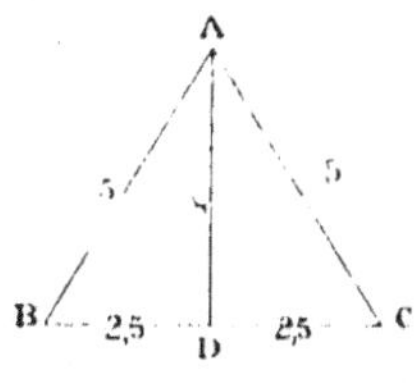

Triangle équilatéral.
Fig. 147.

Soit le triangle équilatéral A B C. La hauteur AD tombe sur le milieu de BC, et forme le triangle rectangle ABD dont l'hypoténuse AB a 5 mèt., et le côté BD la moitié de la base ou $2^m 5$.

Désignons la hauteur AD par x, son carré égalera le carré de l'hypoténuse, moins le carré de BD, et nous pourrons écrire

$$x^2 = 5^2 - 2,5^2 = 18,75$$

d'où

$$x = \sqrt{18,75} = 4^m 33.$$

134. Rapport des surfaces des figures semblables. *Les surfaces de deux figures semblables sont dans le même rapport que les carrés de deux côtés homologues.*

Les surfaces des deux triangles semblables T et T' sont dans le rapport des carrés des nombres 30 et 10, lon-

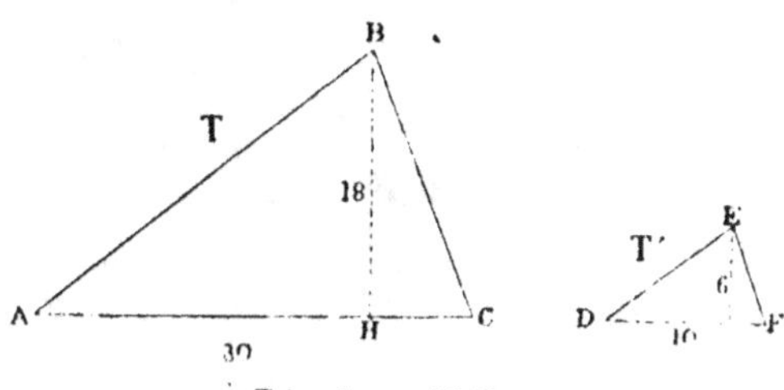

Triangles semblables.
Fig. 148.

gueurs des bases. Les carrés de 30 et de 10 sont 900 et 100.

Or $\dfrac{900}{100} = 9$. D'où je conclus que la surface du triangle T contient 9 fois la surface du triangle T'.

135. Remarque sur les figures semblables. *Un tableau et sa reproduction par la photographie sont des figures semblables.*

La photographie réduit, il est vrai, les dimensions du tableau, mais il y a constamment le même rapport entre les lignes du tableau et les lignes correspondantes de la photographie. Les angles sont restés les mêmes.

Le rapport des surfaces du tableau et de la photographie est le même que le rapport du carré d'une dimension du tableau au carré de la dimension correspondante de la photographie.

TABLEAU

Ainsi, dans l'exemple que nous donnons, le rapport des lignes du tableau aux lignes correspondantes de la photographie est comme 2 est à 1, et le rapport des surfaces comme 4 est à 1.

Reproduction.

Voir les Applications sur le livre IV à la page **116**.
Voir les Exercices proposés à la page **121**.

GÉOMÉTRIE DANS L'ESPACE

—

LIVRE V

COMBINAISONS DE LA LIGNE DROITE AVEC LE PLAN

—

§ I. — Définitions.

136. Un *plan* est une surface sur laquelle on peut appliquer en tous les sens une règle bien droite.

C'est pour cela que les ouvriers, pour s'assurer qu'une surface est plane, promènent sur cette surface une règle bien dressée.

★137. Trois points non en ligne droite suffisent pour déterminer un plan.

Ainsi une porte tournant autour de ses deux gonds, A et B, est déterminée de position quand elle arrive au 3ᵉ point *c*.

Fig. 149.

Cela explique pourquoi un tabouret à trois pieds se met plus facilement en équilibre que s'il en avait quatre : car les extrémités des trois pieds déterminent un plan, mais l'extrémité du quatrième peut ne pas être dans ce plan.

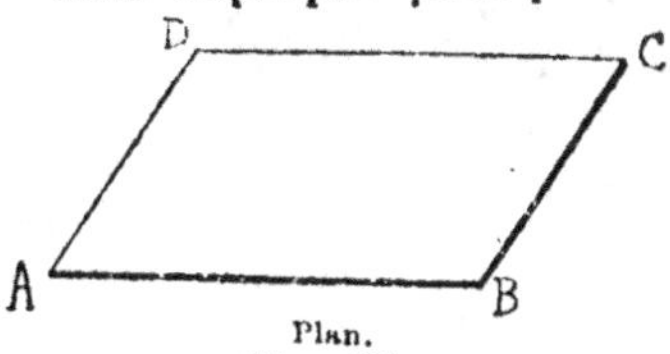

Fig. 150.

Un plan se représente ordinairement au moyen d'un parallélogramme.

EXEMPLE : Le parallélogramme ABCD représente un plan (fig. 150).

§ 11. — Droites et plans perpendiculaires.

138. *Une droite MO est perpendiculaire à un plan lorsqu'elle est perpendiculaire à toutes les droites OE, OF, OG, OH, menées par son pied dans le plan.*

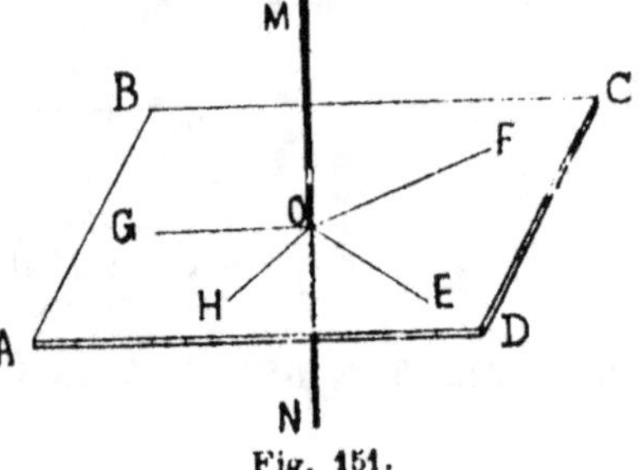

Fig. 151.

Il suffit de vérifier que la droite MO est perpendiculaire à deux droites quelconques OE, OF, pour en conclure qu'elle est perpendiculaire à toute droite menée de son pied dans le plan, et, par suite, perpendiculaire à ce plan. (Voir *Géométrie,* Cours supérieur.)

139. *Une verticale est perpendiculaire à un plan horizontal, ou en d'autres termes à toutes les horizontales qui passent par son pied.*

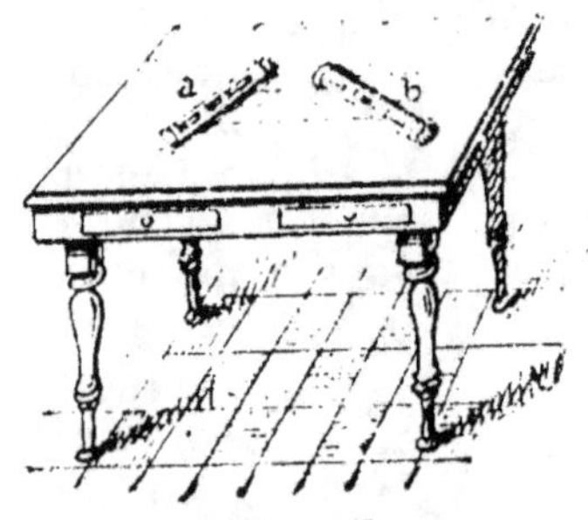

|Fig. 152.

Il résulte de cette propriété qu'un plan est horizontal s'il contient deux horizontales ; car il contient alors deux perpendiculaires à la verticale. Cette propriété sert à reconnaître si un plan est horizontal.

Pour vérifier l'horizontalité d'un plan, on prend un *niveau à bulle d'air* (fig. 152), et on le pose sur le plan, dans deux directions différentes. Si le niveau montre que ces deux directions sont horizontales, le plan est horizontal.

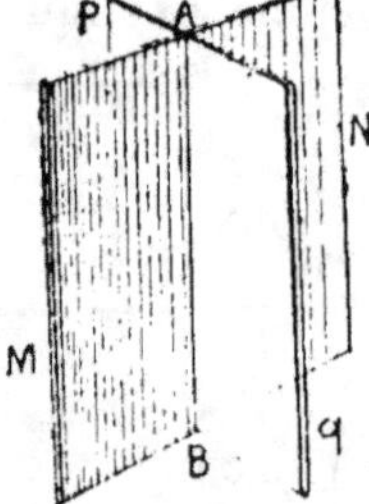

Fig. 153.

140. *Deux plans se coupent toujours suivant une ligne droite* (fig. 153).

EXEMPLE : Le plafond rencontre les murs d'un appartement suivant des lignes droites.

Théorème.

141. *Si d'un point A, extérieur à un plan* MN, *on mène à ce plan une perpendiculaire AP et différentes obliques AB, AC...* (fig. 154) :

1. La perpendiculaire est plus courte que toute oblique.

2. Deux obliques qui s'écartent également du pied de la perpendiculaire sont égales.

Démonstration. 1° La perpendiculaire AP est plus courte que toute oblique AB ; car, par définition, la droite AP est perpendiculaire à BP menée de son pied dans le plan ; alors le triangle ABP est rectangle, et le côté AP est plus petit que l'hypoténuse AB.

2° Deux obliques AB et AC, qui s'écartent également du pied de la perpendiculaire, sont égales, *et réciproquement.*

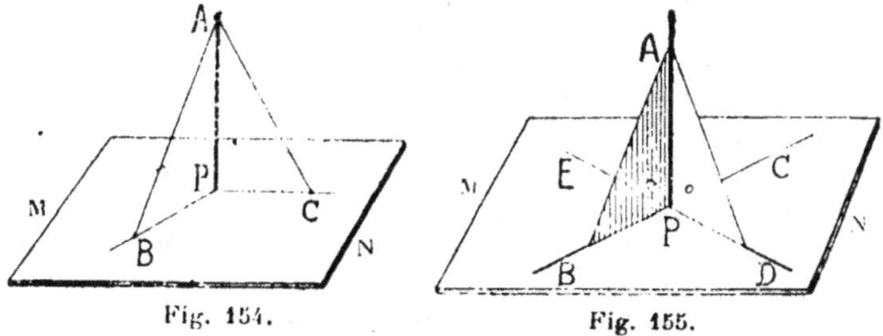

Fig. 154.   Fig. 155.

Si l'on fait tourner le triangle APB autour de AP, l'angle droit APB coïncide avec l'angle droit APC ; et PB étant égal à PC par hypothèse, le point B tombera au point C, et AB coïncidera avec AC.

142. Définition. *La distance d'un point à un plan est la perpendiculaire abaissée de ce point sur ce plan.*

143. *En un point* P *d'un plan* MN *placer une tige perpendiculaire à ce plan* (fig. 155).

Tracez dans le plan et par le point P deux droites quelconques BC et DE ; puis assurez-vous, à l'aide d'une équerre, que les angles APD et APB sont droits. Alors la tige AP, perpendiculaire à deux droites BC et DE du plan, sera perpendiculaire à ce plan.

§ III. — Droites et plans parallèles.

144. Définition. *Une droite AB et un plan MN sont parallèles lorsque, prolongés indéfiniment, ils ne peuvent se rencontrer.*

EXEMPLE : L'arête d'une table est parallèle au plancher.

Deux plans sont parallèles lorsque, prolongés indéfiniment, ils ne peuvent se rencontrer.

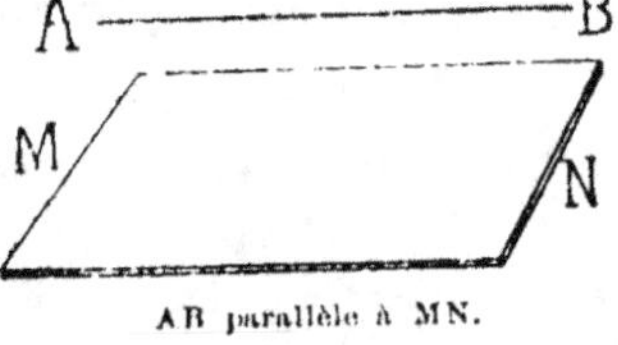

AB parallèle à MN.
Fig. 156.

EXEMPLE : Le plancher et le plafond sont deux plans parallèles.

Lorsqu'on met dans un vase deux liquides différents qui ne se mélangent pas, comme de l'eau et de l'huile, la surface de séparation des deux liquides et la surface libre au contact de l'air sont deux plans parallèles.

145. *Lorsque deux plans parallèles sont coupés par un troisième, les deux intersections sont parallèles.*

EXEMPLE : Un mur d'un appartement coupe le plancher et le plafond suivant deux parallèles.

146. *Lorsque deux plans sont parallèles, toute droite tracée dans l'un de ces plans est parallèle à l'autre.*

EXEMPLE : Toute droite tracée sur le plancher est parallèle au plafond.

§ IV. — Angles dièdres.

147. On appelle *angle dièdre* l'écartement plus ou moins grand de deux plans qui se coupent.

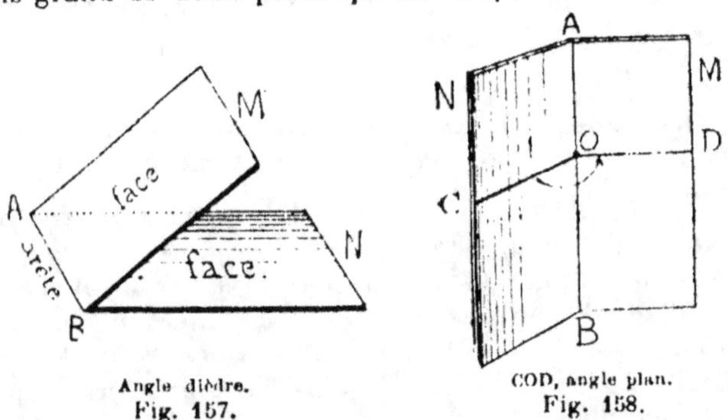

Angle dièdre.   COD, angle plan.
Fig. 157.   Fig. 158.

EXEMPLE : Un livre qu'on ouvre.

Les *faces* du dièdre sont les deux plans qui le forment ; leur intersection est l'*arête* du dièdre

148. On appelle *angle plan* d'un dièdre **AB**, (fig. 158 l'angle COD formé par deux droites OC et OD perpendiculaires à l'arête menées d'un point quelconque O de cette arête et dans chacune des faces.

Un dièdre est *droit, aigu ou obtus,* suivant que son *angle plan* est droit, aigu ou obtus.

Théorème.

149. *Si une droite* AB *est perpendiculaire à un plan* MN, *tout plan* FS *qui passe par cette droite est perpendiculaire au plan donné.*

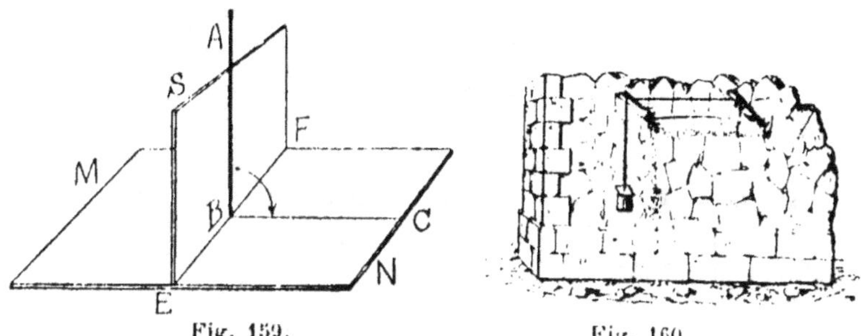

Fig. 159.   Fig. 160.

Démonstration. En effet, si au point B on mène dans le plan MN une droite BC, perpendiculaire à EF, l'angle ABC est droit. Or c'est l'angle plan du dièdre. Donc, ce dièdre étant droit, le plan FS est perpendiculaire au plan MN.

* **150.** Pour élever verticalement un mur, on se sert du fil à plomb. La verticale étant perpendiculaire au plan horizontal, le plan du mur qui suit cette direction sera lui-même vertical.

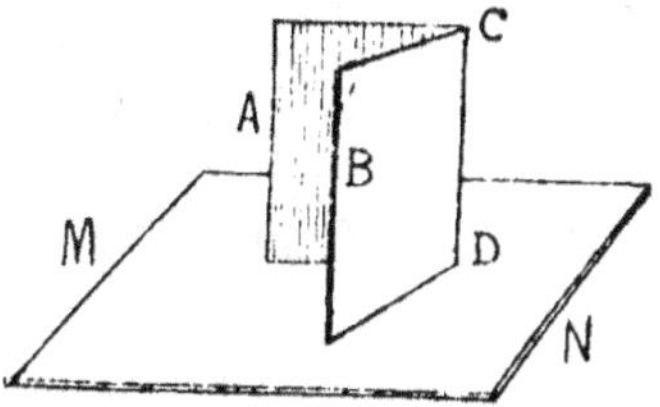

Fig. 161.

151. *Lorsque deux plans* A *et* B *sont perpendiculaires à un troisième* MN, *leur intersection* CD *est perpendiculaire à ce troisième.*

Démonstration. Supposons horizontal le plan MN.

Les deux plans A et B seront deux plans verticaux. Alors, si au point C on place un fil à plomb, la verticale ainsi déterminée est perpendiculaire au plan MN; elle sera tout entière dans le plan vertical A et tout entière dans le plan vertical B. Devant se trouver à la fois dans les deux plans, elle sera leur intersection. Donc l'intersection CD est perpendiculaire au plan MN.

152. *Dresser verticalement l'arête de deux murs.*

L'arête de deux murs verticaux est verticale.

Il faut arriver à cette direction; c'est pourquoi les maçons suspendent un fil à plomb en face de cette arête.

Fig. 162.

153. La *projection* d'un point A de l'espace sur un plan MN est le pied *a* de la perpendiculaire abaissée de ce point sur le plan.

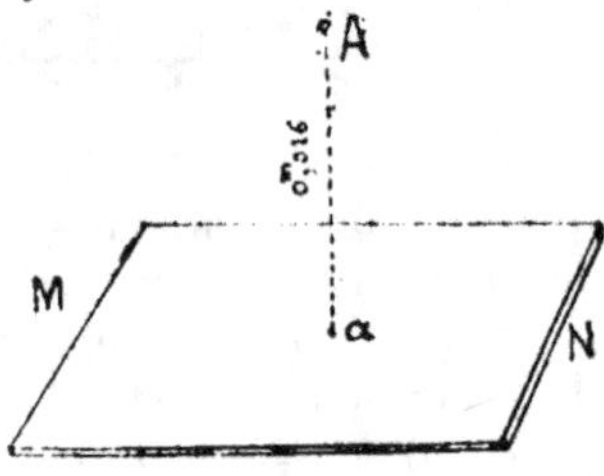

Projection d'un point.
Fig. 163.

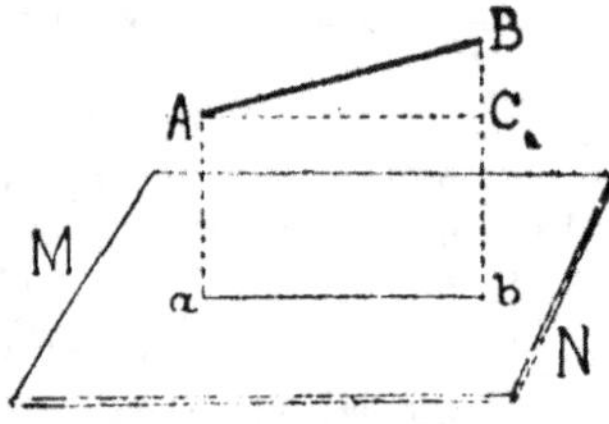

Projection d'une droite.
Fig. 164.

154. La *projection d'une droite* AB de l'espace sur un plan MN est une droite *ab* formée par l'ensemble des pieds des perpendiculaires abaissées des différents points de la droite AB sur le plan MN.

155. L'*angle d'une droite* de l'espace avec le plan qu'elle rencontre est l'angle que fait cette droite avec sa projection sur ce plan.

EXEMPLE : L'angle D est l'angle de la droite AB avec le plan MN, qu'elle rencontre au point D.

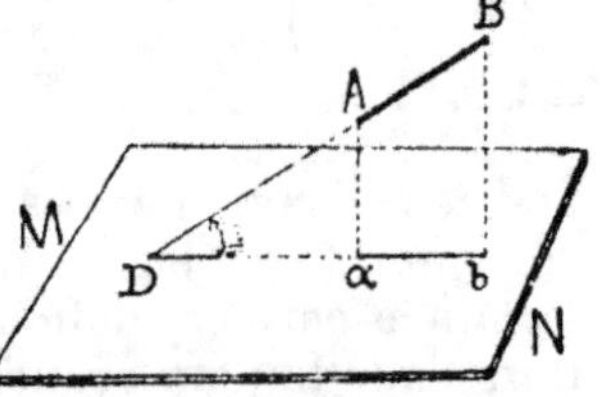

Angle d'une droite avec un plan.
Fig. 165.

156. On appelle *cote* d'un point, par rapport à un plan, la distance, exprimée en nombre, de ce point au plan.

EXEMPLE : La cote 0ᵐ015 du point A indique la distance de ce point A au plan MN.

* 157. On appelle *pente d'une droite* le quotient obtenu en divisant la différence des cotes de ses deux extrémités par la projection de la droite sur un plan.

EXEMPLE : Le quotient $\dfrac{BC}{AC}$ est la pente de la droite AB (fig. 164).

Par exemple, si BC = 0ᵐ,05, et ab = 25 mètres, la pente de la droite AB sera $\dfrac{0^m,05}{25^m}$ = 0,002.

§ V. — Angles solides.

Définitions.

* 158. On appelle *angle solide* la figure formée par plusieurs angles plans qui ont même sommet, et dont chaque côté sert d'arête à un dièdre.

Le sommet commun est le *sommet* de l'angle solide, les angles plans en sont les *faces*.

EXEMPLE : La flèche d'un clocher est un angle solide.

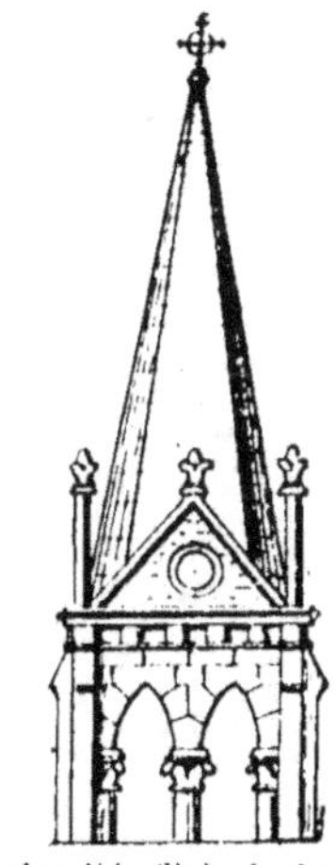

Angle solide (flèche de clocher).

Fig. 166.

Un *trièdre* est un angle solide de trois faces.

LIVRE V

PRISME ET PYRAMIDE

159. Volume. *Le volume d'un corps est la portion de l'espace occupée par ce corps.*

Dans un volume on considère trois dimensions : *longueur, largeur* et *hauteur*.

Évaluer un volume, c'est le comparer à l'unité qui est généralement le mètre cube.

Volume.
Fig. 167.

160. Polyèdre. On appelle *polyèdre* un solide limité par des faces planes.

Les arêtes du polyèdre sont les intersections des faces de ce polyèdre. Les principaux polyèdres sont le *prisme* et la *pyramide*.

§ I. — Le prisme.

161. Définitions. Un *prisme* est un polyèdre qui est compris entre deux polygones égaux et parallèles, et dont les faces latérales sont des parallélogrammes.

Les deux polygones égaux et parallèles sont les *bases* du prisme.

La surface latérale d'un prisme est l'ensemble des parallélogrammes de ses faces.

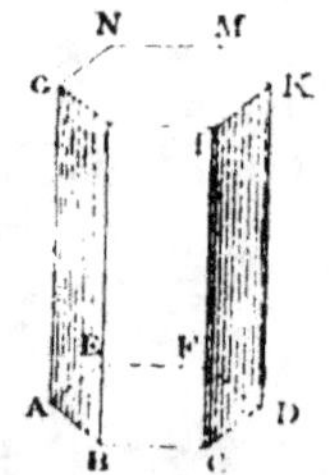

Prisme.
Fig. 168.

Un prisme est *droit* ou *oblique* selon que les arêtes latérales sont perpendiculaires ou obliques aux bases.

Lorsqu'un prisme est droit, les faces latérales sont des rectangles. Lorsqu'il est oblique, elles sont des parallélogrammes.

Toutes les arêtes latérales d'un prisme sont égales.

La *hauteur* d'un prisme est la perpendiculaire abaissée d'un point de la base supérieure sur la base inférieure.

3 — COURS MOYEN.

Dans un prisme droit, chaque arête latérale est égale à la hauteur.

Un prisme *régulier* est un prisme droit dont la base est un polygone régulier.

Un prisme est *triangulaire, quadrangulaire, pentagonal*, etc., selon que la base est un triangle, un quadrilatère, un pentagone, etc.

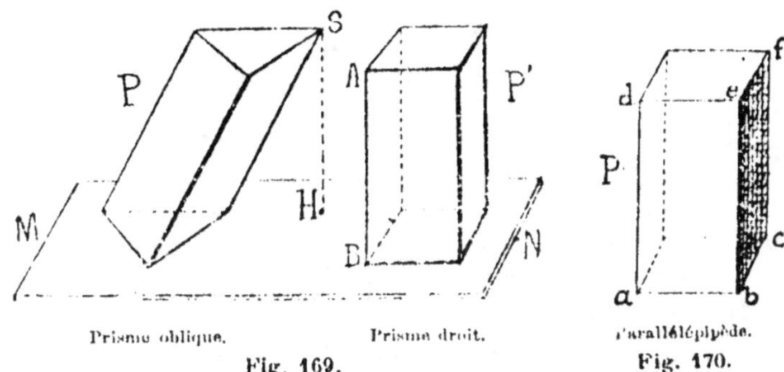

Prisme oblique.   Prisme droit.   Parallélépipède.

Fig. 169.   Fig. 170.

162. On appelle *parallélépipède* un prisme qui a pour bases des parallélogrammes.

Un *parallélépipède rectangle* est un prisme droit ayant pour bases des rectangles.

EXEMPLES : Une règle d'écolier, une boîte de craie…, sont des parallélépipèdes rectangles.

Application. La forme prismatique se retrouve dans un très grand nombre d'objets usuels.

EXEMPLES : La tablette, les pieds, le tiroir d'une table; un livre, une boîte de compas, un mur, un fossé, certaines formes de poêles, etc.

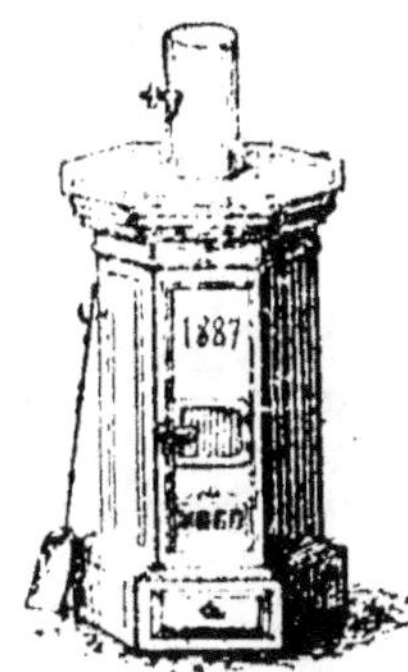

Poêle prismatique.
Fig. 171.

163. Surface du prisme droit. *La surface latérale d'un prisme droit est égale au produit de l'arête latérale par le périmètre de la base.*

Démonstration. La surface latérale développée forme un rectangle dont la base est le périmètre de la base du prisme, et la hauteur l'arête du prisme.

Donc la surface latérale du prisme est égale au produit de l'arête par le périmètre de la base.

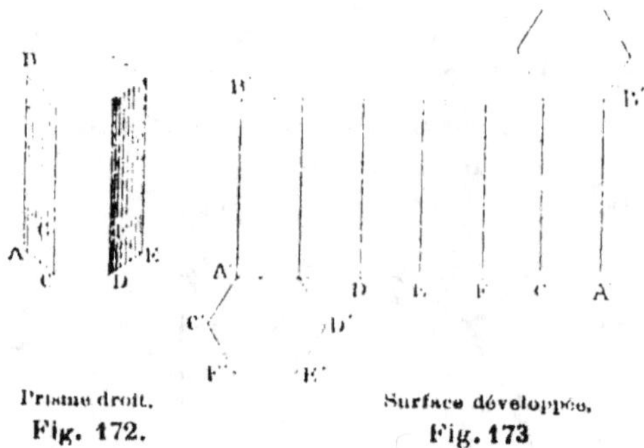

Prisme droit.
Fig. 172.

Surface développée.
Fig. 173

EXEMPLE : Soit un prisme qui a 0m8 de hauteur et 1m20 pour le périmètre de sa base.

La surface latérale est $0,8 \times 1,20 = 0^{mq} 96$.

164. Surface du prisme oblique. *La surface latérale d'un prisme oblique égale le produit d'une arête par le périmètre d'une section faite perpendiculairement aux arêtes.*

Démonstration. Les faces latérales sont des parallélogrammes ayant tous des bases égales, qui sont les arêtes du prisme.

Les différentes lignes AB, BC, CA de la section sont perpendiculaires aux arêtes, et sont les hauteurs des parallélogrammes. Par suite, la surface de tous ces parallélogrammes égale le produit d'une arête par la somme des hauteurs, qui est le périmètre de la section perpendiculaire aux arêtes.

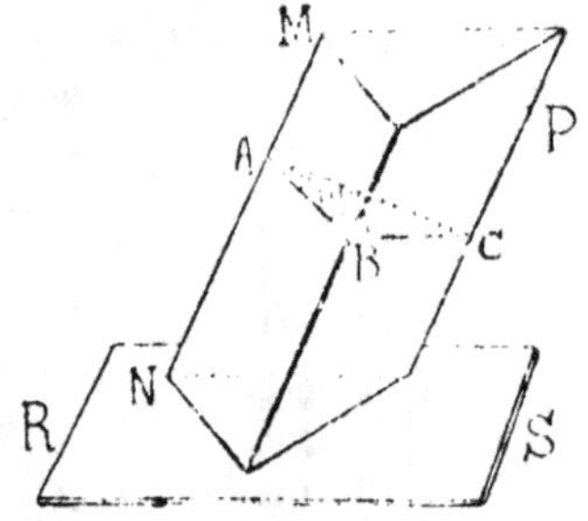

Prisme oblique.

ABC, section droite. . . 1m80
MN, arête 0m 90
Fig. 174.

EXEMPLE : Soit un prisme oblique dont l'arête égale 0m 9, et le périmètre de la section perpendiculaire égale 1m 80.

La surface latérale est $0,9 \times 1,8 = 1^{mq} 62$.

Théorème.

165. Volume du parallélépipède rectangle. *Le volume du parallélépipède rectangle égale le produit de ses trois dimensions.*

Démonstration. Soit un parallélépipède rectangle ayant pour dimensions 7^m, 4^m et 3 mètres.

Ce solide peut être décomposé en 3 parallélépipèdes de 7 mètres de longueur, 4 de largeur et 1 de hauteur. Chaque parallélépipède partiel peut être partagé en 4 autres de 7 mètres de longueur, 1 mètre de largeur et 1 mètre de hauteur.

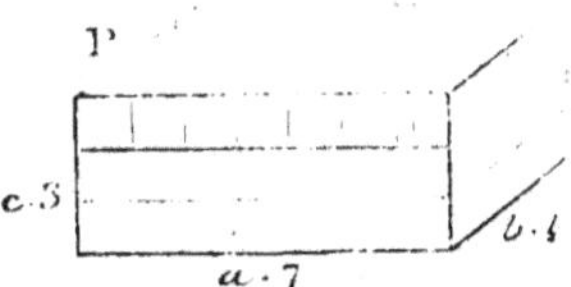

Parallélépipède rectangle.
Fig. 175.

Un de ces derniers peut être divisé en 7 parties égales, chacune d'un *mètre cube*. Le nombre total de mètres cubes est donc exprimé par le produit $7 \times 4 \times 3$, ou 84.

Remarque I. Le produit 7×4 représente la surface de la base. On peut donc dire : *Le volume d'un parallélépipède rectangle égale le produit de sa base par sa hauteur.*

166. Volume du prisme quelconque. *Le volume d'un prisme quelconque est égal au produit de sa base par sa hauteur.*

Le prisme triangulaire ABCDEF est évidemment la moitié du parallélépipède ACBNDFEM (fig. 176). Or le parallélé-

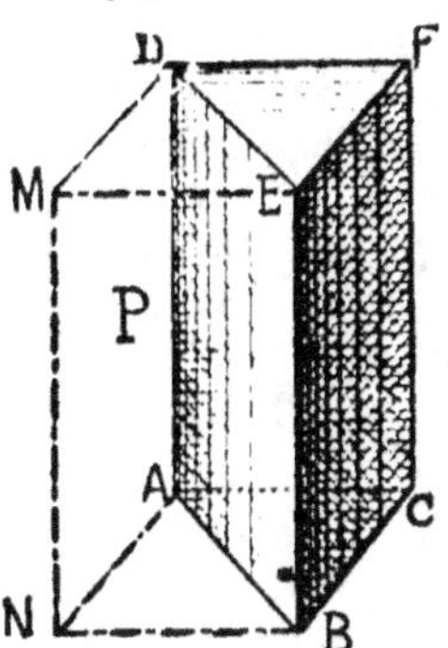

Parallélépipède décomposé en deux prismes triangulaires.
Fig. 176.

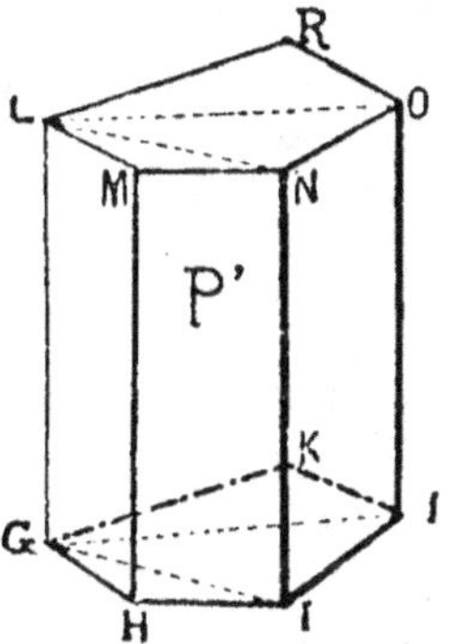

Prisme droit décomposé en prismes triangulaires.
Fig. 177.

pipède a pour volume sa base ACBN multipliée par sa hauteur EB. Donc le prisme triangulaire, qui en est la moitié, a pour mesure une base moitié moindre ACB, multipliée par la même hauteur EB.

Un prisme droit quelconque est décomposable en prismes triangulaires droits ayant tous même hauteur, et dont les bases réunies forment la base du prisme total.

Ainsi le volume total égale le produit de la hauteur commune par la somme des bases, c'est-à-dire par la base du prisme considéré.

167. Le *cube* est un prisme quadrangulaire dont les quatre faces et les deux bases sont six carrés égaux. C'est un solide limité par six carrés égaux.

EXEMPLE : Un dé à jouer.

Cube.

Fig. 178.

Surface développée.

Fig. 179.

168. Surface du cube. *On obtient la surface totale d'un cube en multipliant par six le carré de son arête ou côté.*

La surface du cube peut se développer sur un plan suivant six carrés égaux, comme l'indique la figure 179.

169. Volume du cube. *On obtient le volume d'un cube en élevant son côté à la troisième puissance.*

En effet, un cube est un parallélépipède dont les dimensions sont égales ; leur produit n'est autre chose que la troisième puissance d'une dimension.

EXEMPLE : Soit un cube dont l'arête ou côté a 0ᵐ 50.
Chaque carré égale $0,50 \times 0,50 = 0^{mq} 25$.
La surface du cube égale donc $0,25 \times 6 = 1^{mq} 50$.
Son volume est $0,5 \times 0,5 \times 0,5 = 0^{mc} 125$.

§ II. — La pyramide.

Définitions.

170. Une *pyramide* est un polyèdre ayant pour base un polygone quelconque, et des faces latérales triangulaires qui se terminent en un même point.

Ce point est le *sommet* de la pyramide.

La *hauteur* d'une pyramide est la perpendiculaire abaissée du sommet sur le plan de la base.

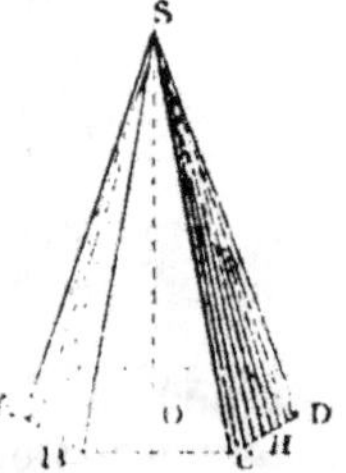

Pyramide régulière.
S, sommet. SO, hauteur.
ABCD..., base.
SH, apothème. SA, arête.
Fig. 180.

Une pyramide est *triangulaire, quadrangulaire, pentagonale,* etc., selon que la base est un triangle, un quadrilatère, un pentagone, etc.

Une pyramide est *régulière* lorsque la base est un polygone régulier, et que la hauteur tombe au centre de ce polygone.

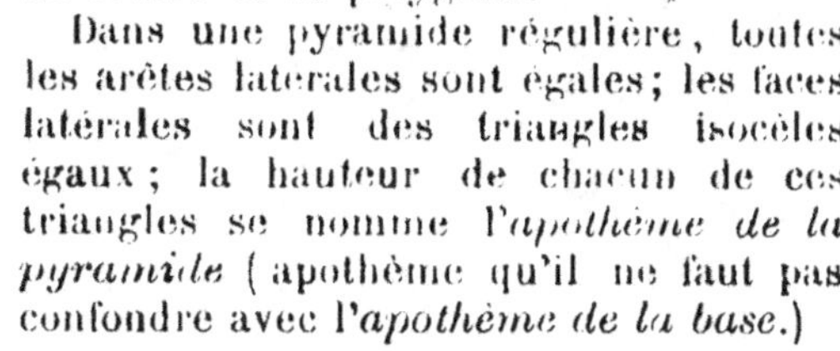

Dans une pyramide régulière, toutes les arêtes latérales sont égales; les faces latérales sont des triangles isocèles égaux; la hauteur de chacun de ces triangles se nomme *l'apothème de la pyramide* (apothème qu'il ne faut pas confondre avec *l'apothème de la base.*)

EXEMPLE : La flèche d'un clocher a ordinairement la forme d'une pyramide régulière. Les pyramides les plus remarquables sont les pyramides d'Égypte *.

Clocher pyramidal.
Fig. 181.

239. Surface de la pyramide régulière. *La surface latérale d'une pyramide régulière égale le produit du périmètre de la base par la moitié de l'apothème de la pyramide.*

Car toutes les faces latérales sont des triangles isocèles

---

* Les trois grandes pyramides d'Égypte furent construites vingt siècles avant l'ère chrétienne, durant le séjour des Hébreux en Égypte, pour servir de sépultures aux rois. Elles sont quadrangulaires, et leurs faces sont orientées suivant les points cardinaux. L'intérieur contient une multitude de chambres communiquant entre elles par des passages étroits.

Pyramides d'Égypte. — Fig. 182.

La plus grande pyramide a 140 mét. de hauteur et 240 mét. pour le côté du carré de sa base. Le haut de la pyramide, qui d'en bas semble une pointe, est une belle plate-forme carrée de 5 mètres de côté. Les pyramides sont construites d'immenses blocs disposés en forme de degrés. Cette disposition permet de monter extérieurement jusqu'au sommet. Le Sphinx, qui est à six kilomètres des pyramides, est une immense statue, taillée dans le roc. Il a 39 mètres de longueur sur 17 mètres de hauteur. Le contour de sa tête mesure 27 mètres. Les sables du désert ont recouvert le corps du Sphinx. La tête seule est visible.

égaux, ayant pour hauteur l'apothème de la pyramide, et
pour bases les divers côtés de la base de la pyramide.

La surface de tous ces triangles s'obtient en multipliant
l'apothème ou hauteur commune par la somme des bases
qui est le périmètre de la base de la pyramide.

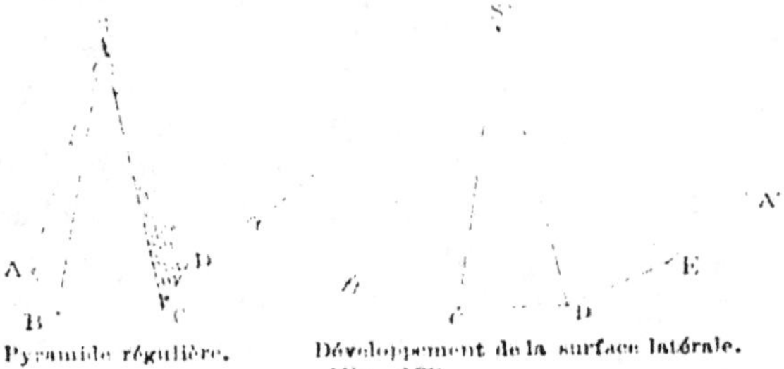

Pyramide régulière.   Développement de la surface latérale.
Fig. 183.

Remarque. *La surface totale d'une pyramide se compose de la surface latérale augmentée de la base.*

EXEMPLE : Soit une pyramide pentagonale régulière, le
côté de base étant de 0^m 25 et l'apothème de 0^m 30.

Le périmètre de la base est $0,25 \times 5 = 1^m25$.

La surface latérale est $\dfrac{1,25 \times 0,30}{2} = 0^{mq}1875$.

171. Volume de la pyramide. *Le volume d'une pyramide
quelconque égale le produit de sa base par le $\dfrac{1}{3}$ de sa
hauteur.*

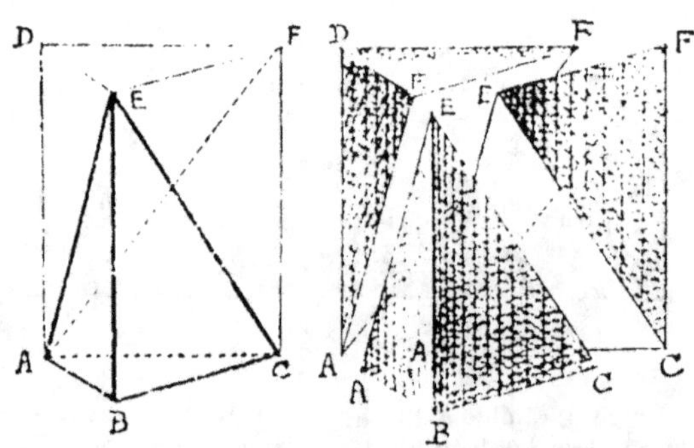

Prisme droit décomposé en trois pyramides.
Fig. 184.

1° On démontre (voir *Géom.*, Cours supérieur) que la pyramide triangulaire est le $\dfrac{1}{3}$ du prisme qui a même base et
même hauteur.

Or le volume du prisme est égal au produit de la base par la hauteur. La pyramide, qui en est le tiers, aura pour volume le produit de la base par le $\frac{1}{3}$ de la hauteur.

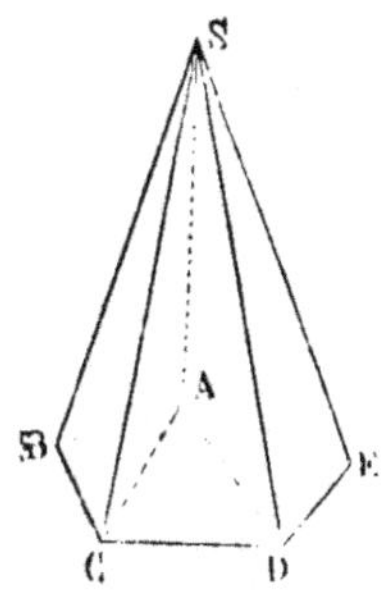

Pyramide décomposée en pyramides triangulaires.

Fig. 185.

2° Une pyramide quelconque SABCDE est décomposable en pyramides triangulaires ayant toutes même hauteur, et dont les bases réunies forment la base de la pyramide totale. Ainsi le volume total égale le tiers de la hauteur commune, multiplié par la somme des bases, c'est-à-dire par la base de la pyramide considérée.

Donc, *le volume d'une pyramide...*

EXEMPLE : Soit une pyramide ayant pour base un carré de 0ᵐ 30 de côté et dont la hauteur est de 0ᵐ 20.

Son volume est $\dfrac{0,20 \times 0,30 \times 0,30}{3} = 0^{mc} 006.$

§ III. — Tronc de pyramide.

172. Définition. Un *tronc de pyramide* est la portion de pyramide comprise entre la base et une section parallèle à la base.

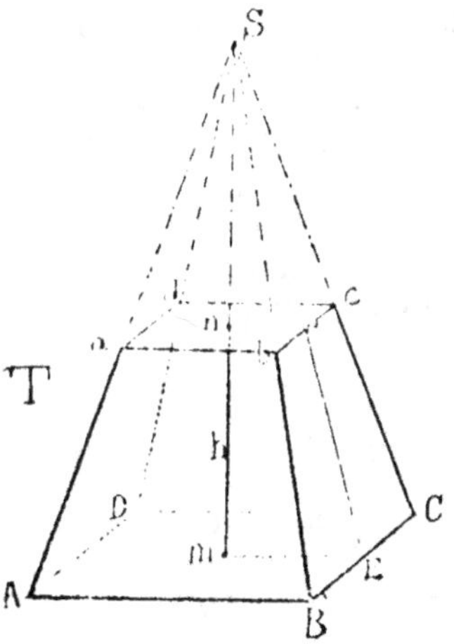

EXEMPLE : La figure ABCD*abcd* représente un tronc de pyramide ; c'est la portion de la pyramide SABCD comprise entre la base ABCD et la section parallèle *abcd*.

Un *tronc de pyramide régulier* est celui qui provient d'une pyramide régulière.

Les faces latérales d'un tronc de pyramide régulier sont des trapèzes isocèles égaux. La hauteur de chacun de ces trapèzes est nommée *apothème du tronc de pyramide* ; c'est eE.

Tronc de pyramide.

ab=3 AB=5 *h* =

Fig. 186.

173. Volume du tronc de pyramide. *Un tronc de pyramide à bases parallèles équivaut à la somme de trois pyramides de* *même hauteur que le tronc, et ayant pour bases respectives les deux bases du tronc et leur moyenne géométrique.*

EXEMPLE : Soit un tronc de pyramide régulière ayant

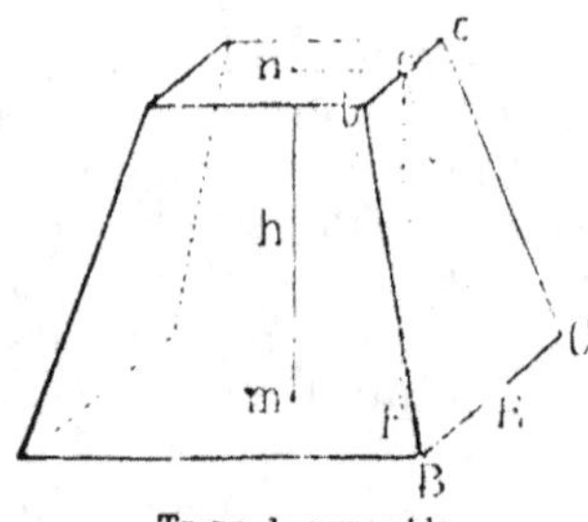

Tronc de pyramide.
$bc = 3^m$, $BC = 5^m$, $h = 4^m$
Fig. 187.

4 mètres de hauteur, et pour bases des carrés de 5 mètres et 3 mètres de côtés.

Base inférieure, $5 \times 5 = 25^{mq\cdot}$

Base supérieure, $3 \times 3 = 9^{mq}$.

Moyenne géométrique des bases, $\sqrt{25 \times 9} = 15^{mq}$.

$$\text{Volume} = \frac{4}{3}(25 + 9 + 15) = 65^{mc}\,33.$$

174. Remarque. Pour obtenir la surface latérale de ce tronc de pyramide, menons par l'axe et la droite ME perpendiculaire à BC, le plan sécant nMEe, qui détermine l'apothème eE, que nous allons d'abord calculer. Cet apothème est l'hypoténuse du triangle rectangle eEF, dans lequel $eF = 4^m$, et $EF = 2,50 - 1,50 = 1^m$.

L'apothème $eE = \sqrt{16 + 1} = \sqrt{17} = 4^m\,123$.

Surface d'une face $4,123 \dfrac{(5 + 3)}{2} = 4,123 \times 4 = 16^{mq}\,492$.

Surface des quatre faces $16,492 \times 4 = 65^{mq}\,968$.

Voir les exercices proposés sur le Livre VI à la page **129**.

LIVRE VII

CYLINDRE — CONE — SPHÈRE

§ I. — Du cylindre.

Définitions.

175. On appelle *cylindre de révolution* ou *cylindre circulaire droit* le solide engendré par la révolution complète d'un rectangle autour de l'un de ses côtés.

Le côté MN (fig. 188), autour duquel tourne le *rectangle générateur*, est à la fois l'*axe* et la *hauteur* du cylindre.

Le côté AB, opposé à l'axe, est appelé *génératrice* ou *côté* du cylindre ; pendant le mouvement, ce côté engendre la *surface latérale* du cylindre.

Les deux autres côtés du rectangle générateur sont les *rayons* du cylindre, et ils engendrent les deux cercles qui servent de bases au solide. Ces bases sont perpendiculaires à l'axe.

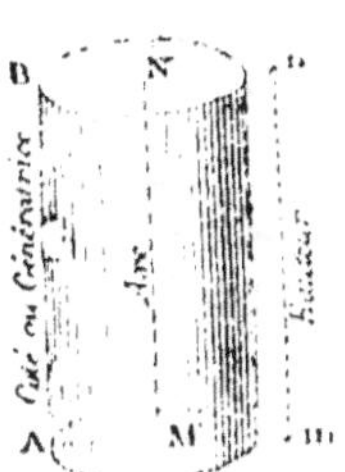

Fig. 188.
Cylindre.

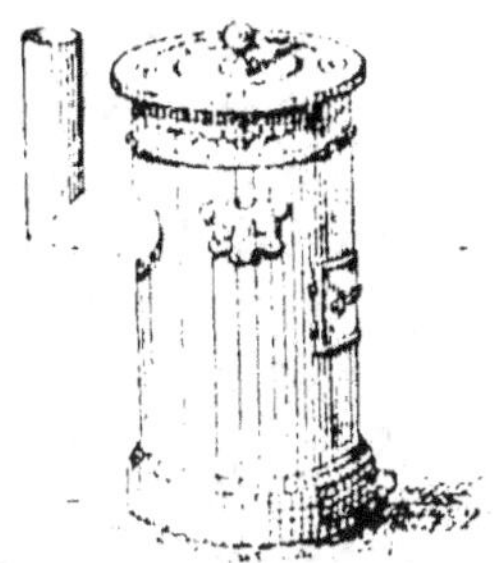

Fig. 189.
Poêle cylindrique.

Le cylindre peut être considéré comme un prisme ayant pour bases deux cercles égaux.

La forme cylindrique se rencontre fréquemment.

EXEMPLES : Les tuyaux de conduite, les canons de fusils, les tuyaux de poêles, les pièces de monnaie, certains poêles, les fils de fer, les chaudières à vapeur, etc., sont des cylindres.

176. Surface du cylindre. *La surface latérale d'un cylindre circulaire droit égale la hauteur multipliée par la circonférence de la base.*

En effet, le cylindre circulaire droit étant considéré comme un prisme droit d'une infinité de faces, sa surface latérale s'obtiendra, comme celle du prisme, en multipliant la hauteur par le périmètre ou circonférence de la base.

La surface du cylindre, développée sur un plan, se compose d'un rectangle et de deux cercles. La base du rectangle

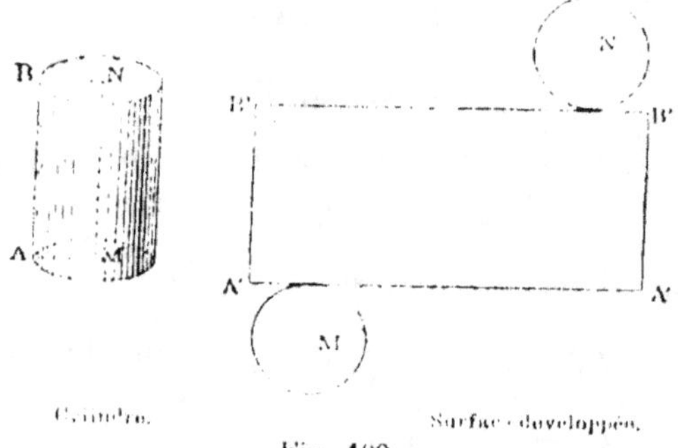

Fig. 190.

est la longueur de la circonférence, et sa hauteur est celle du cylindre.

EXEMPLE : Soit un cylindre dont le rayon de base égale 0^m5, et la hauteur 1^m2.

La circonférence de base est $3,1416 \times 0,5 \times 2 = 3,1416$.

La surface latérale est $3,1416 \times 1,2 = 3^{mq}76992$.

Si à cette surface latérale on ajoute la surface des deux cercles de bases $0,5 \times 0,5 \times 3,1416 \times 2 = 1^{mq}5708$, on a pour la surface totale $3,76992 + 1,5708 = 5^{mq}34072$.

177. Volume du cylindre. *Le volume du cylindre droit égale le produit de sa base par sa hauteur.*

Le cylindre peut être considéré comme un prisme ayant deux cercles pour bases; son volume sera égal, comme celui du prisme, au produit de la base par la hauteur.

EXEMPLE : Soit un cylindre dont le rayon de base égale 0^m5, et dont la hauteur est de 1^m20.

La surface du cercle de base est

$$3,1416 \times 0,5 \times 0,5 = 0^{mq}7854.$$

Le volume sera égal à

$$0,7854 \times 1,2 = 0^{mc}94248.$$

178. Remarque. Désignons par r le rayon de base et par h la hauteur d'un cylindre.

La circonférence est $2\pi r$.

La surface du cercle est πr^2.

Si l'on représente par S la surface latérale, et par V le volume de ce cylindre, on aura

$$S = 2\pi rh.$$
$$V = \pi r^2 h.$$

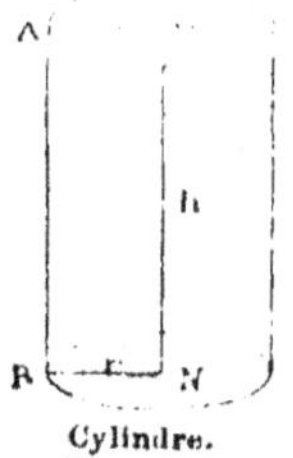

Cylindre.
Fig. 191.

§ II. — Du cône.

Définitions.

179. On appelle *cône de révolution* le solide engendré par la révolution complète d'un triangle rectangle tournant autour d'un des côtés de l'angle droit.

Le côté OS, autour duquel tourne le *triangle rectangle générateur*, est à la fois l'*axe* et la *hauteur* du cône.

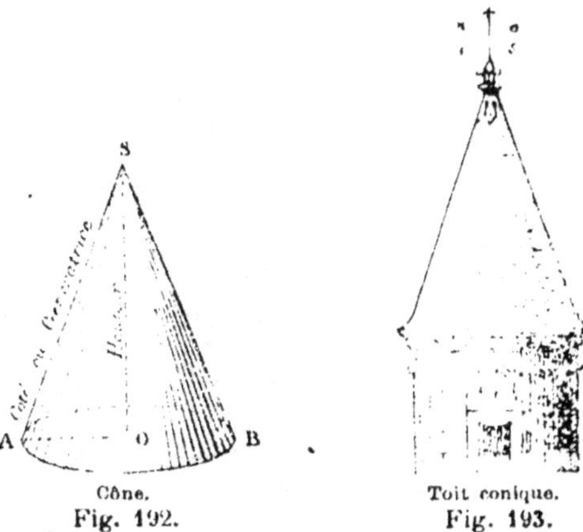

Cône.
Fig. 192.

Toit conique.
Fig. 193.

L'hypoténuse AS est la *génératrice* ou le *côté* du cône ; pendant le mouvement, ce côté engendre la *surface latérale* du cône.

L'autre côté AO du triangle générateur est le *rayon* du cône ; il engendre le *cercle* qui sert de *base* à ce solide. La base est perpendiculaire à l'axe.

Le cône de révolution peut être considéré comme une pyramide régulière ayant un cercle pour base.

Exemples de la forme conique : les pains de sucre, les cornets de papier, les arrosoirs, les porte-voix, les toits des tourelles).

180. Surface du cône. *La surface latérale d'un cône circulaire droit, ou cône de révolution, est égale au produit de la circonférence de la base par la moitié du côté.*

En effet, le cône de révolution étant considéré comme une pyramide régulière ayant un cercle pour base, l'apothème se confond avec le côté du cône. Donc la surface latérale du cône de révolution sera égale à la moitié du produit de la génératrice par la circonférence de la base.

181. Remarque. La surface totale du cône développée sur un plan se compose d'un secteur de cercle et du cercle de base. Le rayon du secteur est le côté du cône, et l'arc est égal à la longueur de la circonférence de la base.

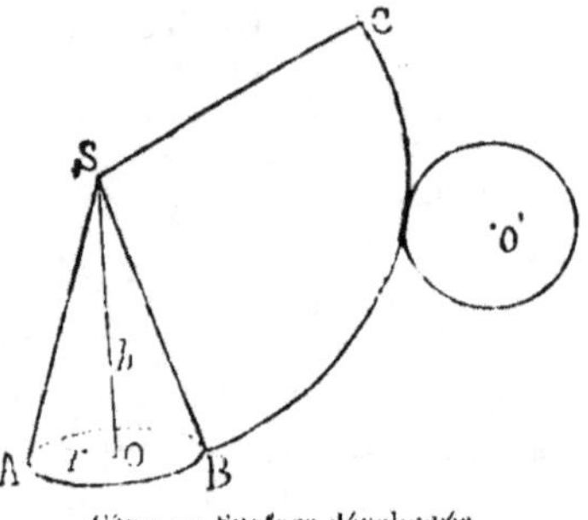

Cône. — Surface développée
Fig. 194.

Exemple : Soit un cône dont le rayon de base est de $0^m 5$, et dont le côté est de $1^m 20$ (fig. 194).

La circonférence de base est $3,1416 \times 2 \times 0,5 = 3,1416$.

La surface latérale est $\dfrac{3,1416 \times 1,2}{2} = 1^{mq} 88496$.

Si à cette surface latérale on ajoute la surface du cercle de base $0,5 \times 0,5 \times 3,1416 = 0^{mq} 7854$,
on a pour la surface totale $1,88496 + 0,7854 = 2^{mq} 67036$.

182. Volume du cône. *Le volume de cône est égal au produit de sa base par le tiers de sa hauteur.*

Le cône étant considéré comme une pyramide ayant un cercle pour base, son volume sera, comme celui de la pyramide, le tiers du produit de la base par la hauteur.

Exemple : Soit un cône ayant pour rayon $0^m 30$ et pour hauteur $0^m 60$.

La surface du cercle de base est

$$0,3 \times 0,3 \times 3,1416 = 0^{mq} 2827.$$

Le volume du cône est

$$\frac{0,2827 \times 0,60}{3} = 0^{mc} 05654.$$

183. Remarque. Désignons par r le rayon de base, par l le côté, et par h la hauteur d'un cône.

La circonférence est $2\pi r$

Le cercle de base est πr^2

Si l'on représente par S la surface latérale, et par V le volume de ce cône, on aura

$$S = \pi r l$$

$$V = \frac{\pi r^2 h}{3}.$$

§ III. — Tronc de cône.

184. Un *tronc de cône de révolution à bases parallèles* est la portion d'un cône de révolution comprise entre la base et une section parallèle à cette base.

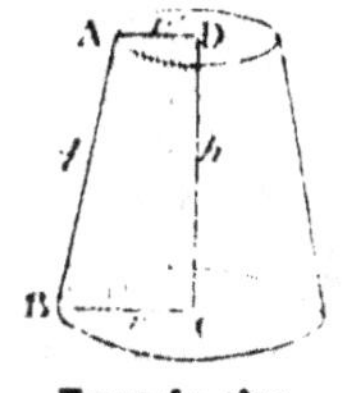

Tronc du cône.
Fig. 195.

Le tronc de cône de révolution à bases parallèles peut être considéré comme engendré par le trapèze rectangle ABCD tournant autour du côté DC, qui est perpendiculaire aux bases. DC est la hauteur, et AB la génératrice.

EXEMPLE : Les abat-jour, les cuves, les seaux, les cuvettes, etc., sont des troncs de cône.

185. Surface du tronc de cône. *La surface latérale d'un tronc de cône est égale au produit de la génératrice par la demi-somme des deux circonférences des bases.*

La surface latérale d'un tronc de cône peut être considérée

Tronc de cône.

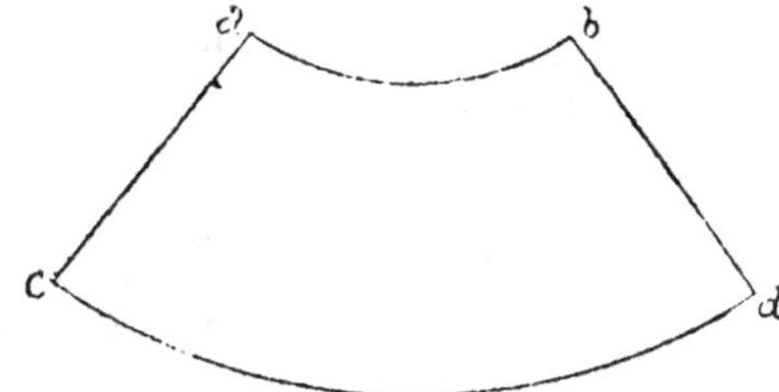

Développement de la surface latérale.

Fig. 196.

comme formée par de petits trapèzes ayant tous une même hauteur, qui est la génératrice, et dont l'ensemble des bases forme les deux circonférences du tronc de cône.

Par suite, la surface latérale égale le produit de la génératrice par la demi-somme des circonférences de bases.

186. On peut remarquer que la circonférence située au milieu du tronc de cône est égale à la demi-somme des circonférences des bases. *La surface latérale est égale au produit de la génératrice par la circonférence moyenne entre les circonférences des bases.*

La surface du tronc de cône développée sur un plan représente une partie de couronne circulaire.

Lampe avec abat-jour.
Fig. 197.

EXEMPLE : Soit un abat-jour dont les diamètres sont 0^m05 et 0^m20, et dont la génératrice a 0^m12.

La petite circonférence est
$$3,1416 \times 0,05 = 0,157080.$$

La grande circonférence est
$$3,1416 \times 0,20 = 0,62832.$$

La demi-somme est $0,3927$.

La surface de l'abat-jour est $0,3927 \times 0,12 = 0^{mq}047124$.

187. Volume du tronc de cône. *Un tronc de cône de révolution est équivalent à la somme de trois cônes de même hauteur que le tronc, et ayant respectivement pour bases les deux bases du tronc et leur moyenne géométrique.*

Seau.
Hauteur, 0,45. Rayon inf., 0,10.
Rayon supér., 0,20.
Fig. 198.

EXEMPLE : Soit un seau ayant pour rayons 0^m10 et 0^m20, et pour hauteur 0^m45.

Cercle inférieur $\quad 0,10 \times 0,10 \times 3,1416 = 0^{mq}031416.$

Cercle supérieur $\quad 0,20 \times 0,20 \times 3,1416 = 0^{mq}125664.$

Moyenne géométrique $\sqrt{0,031416 \times 0,125664} = 0^{mq}0628.$

$$1^{er} \text{ cône... volume} = \frac{0,031416 \times 0,45}{3} = 0^{mc}004712$$

$$2^e \text{ cône... volume} = \frac{0,125664 \times 0,45}{3} = 0^{mc}018849$$

$$3^e \text{ cône... volume} = \frac{0,0625 \times 0,45}{3} = 0^{mc}009420$$

Volume du tronc de cône. . . . $0^{mc}032981$

La contenance est de $32^{litres}9$, soit 33 litres.

On pourra vérifier en remplissant d'eau et mesurant avec un litre.

188. Remarque. Désignons par r, r' les rayons des bases, par h la hauteur, et par l la génératrice d'un tronc de cône.

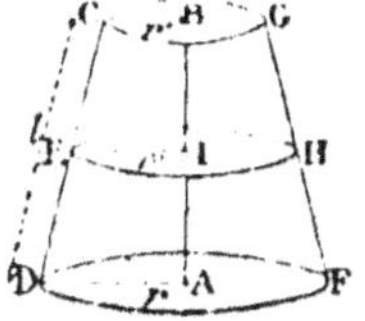

Tronc de cône.
Fig. 199.

Les circonférences sont $2\pi r$ et $2\pi r'$.

Les cercles de bases sont πr^2 et $\pi r'^2$.

Les produits des bases $=$

$$= \pi r^2 \times \pi r'^2 = \pi^2 r^2 r'^2.$$

La moyenne géométrique est

$$\sqrt{\pi^2 r^2 r'^2} = \pi r r'.$$

Si l'on représente par S la surface latérale, et par V le volume de ce tronc de cône, on aura

$$S = (\pi r + \pi r') l = \pi l (r + r').$$

$$V = \frac{h}{3} (\pi r^2 + \pi r'^2 + \pi r r') = \frac{\pi h}{3} (r^2 + r'^2 + r r').$$

§ IV. — La sphère.

Définitions.

189. La *sphère* est un solide limité par une surface dont tous les points sont équidistants d'un point intérieur nommé *centre*.

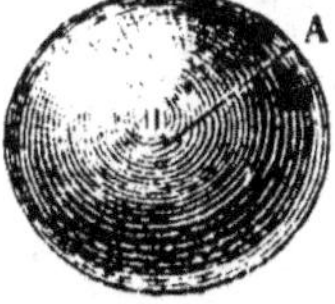

Sphère.
Fig. 200.

Le *rayon* de la sphère est une droite qui va du centre à la surface de la sphère.

Le *diamètre* de la sphère est une droite qui passe par le centre de la sphère et se termine de part et d'autre à la surface de la sphère.

190. *Tout plan sécant coupe la sphère suivant un cercle.* Lorsque le plan sécant passe au centre de la sphère, on a un grand cercle de la sphère. Le diamètre d'un grand cercle est le diamètre de la sphère.

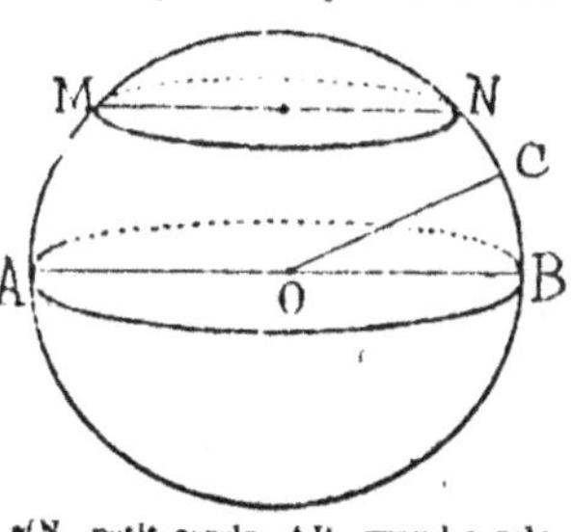

MN, petit cercle. AB, grand cercle.
OC, rayon. AB, diamètre.
Fig. 201.

Exemple : Le grand cercle AOB.

Lorsque le plan sécant ne passe pas au centre de la sphère, on a un petit cercle. Le diamètre d'un petit cercle est plus petit que le diamètre de la sphère.

Exemple : Le petit cercle MN.

La forme sphérique se rencontre dans les billes de billards, dans les boules, dans les ballons ; la terre et les astres ont la forme sphérique un peu aplatie aux pôles.

191. Dans les problèmes sur la sphère on a ordinairement besoin de connaître le diamètre. Voici des procédés pour l'obtenir pratiquement.

1° On emploie un compas, dit *compas d'épaisseur*, et on procède comme l'indique la figure.

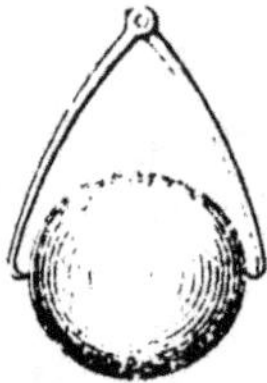

Fig. 202.

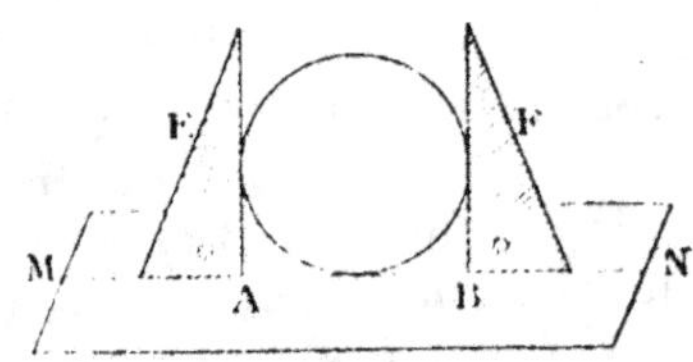

Fig. 203.

2° Ou bien on trace une droite MN sur un plan, et l'on place deux équerres E, F sur cette droite. L'une des équerres étant fixe, on approche ou on recule l'autre jusqu'à ce que la sphère les touche toutes deux lorsqu'on la fait mouvoir entre les deux équerres. La partie AB de la droite MN comprise entre les deux équerres est le diamètre de la sphère.

SURFACE DE LA SPHÈRE

192. *La surface d'une sphère est égale à quatre fois la surface d'un grand cercle.*

EXEMPLE : Soit une sphère de 0ᵐ 60 de rayon.

La surface d'un grand cercle est

$$0,6 \times 0,6 \times 3,1416 = 1^{mq} 1309.$$

La surface de la sphère égale

$$1,1309 \times 4 = 4^{mq} 5236.$$

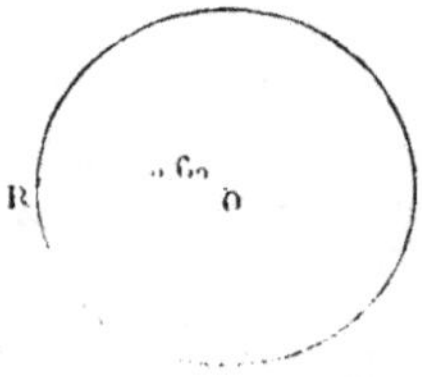

Sphère.
Fig. 204.

VOLUME DE LA SPHÈRE

Théorème.

193. *Le volume de la sphère égale le produit de sa surface par le tiers du rayon.*

Démonstration. On peut considérer la sphère comme formée de pyramides très petites qui ont leur sommet commun au centre de la sphère, et dont les bases forment la surface de la sphère.

Le volume de chacune d'elles est égal au produit de sa base par le tiers de sa hauteur, qui est le rayon de la sphère.

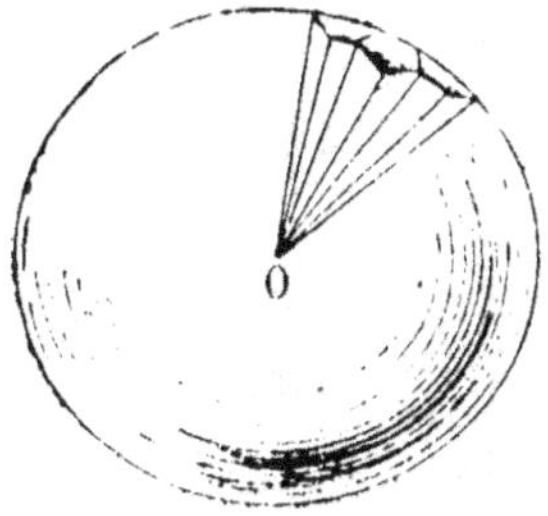

L'ensemble des bases forme la surface de la sphère.

Donc le volume de toutes ces pyramides, ou le volume de la sphère, est égal au produit de sa surface par le tiers du rayon.

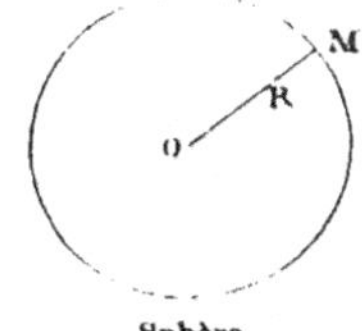

Sphère décomposée en pyramides.
Fig. 205.

EXEMPLE : Soit une sphère de $0^m 5$ de rayon.

La surface de la sphère est

$$0,5 \times 0,5 \times 3,1416 \times 4 = 3^{mq} 1416.$$

Le volume de la sphère est

$$3,1416 \times \frac{0,5}{3} = 0^{mc} 5236.$$

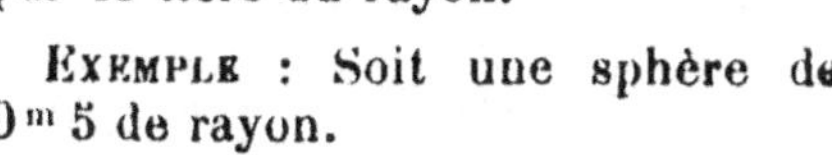
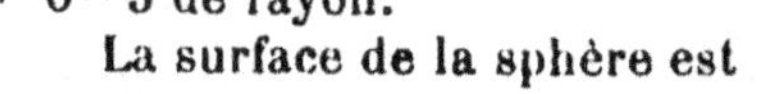

Sphère.
Fig. 206.

* **194. Remarque.** Désignons par R le rayon de la sphère, par S la surface et par V son volume.

On aura $\qquad S = 4\pi R^2.$

$$V = 4\pi R^2 \times \frac{R}{3} = \frac{4}{3} \pi R^3.$$

§ V. — Volumes semblables.

195. *Les volumes semblables sont des volumes ayant même forme sans avoir même grandeur.*

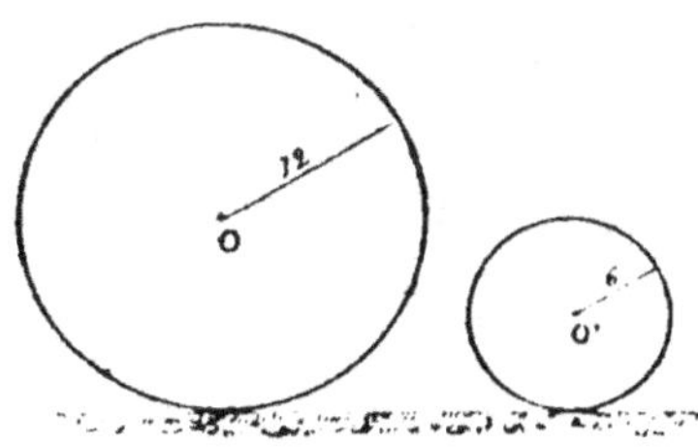

Sphères
Fig. 207.

Deux sphères sont toujours deux volumes semblables.

Si l'on coupe un cône par un plan parallèle à la base, on obtient un cône semblable au cône total.

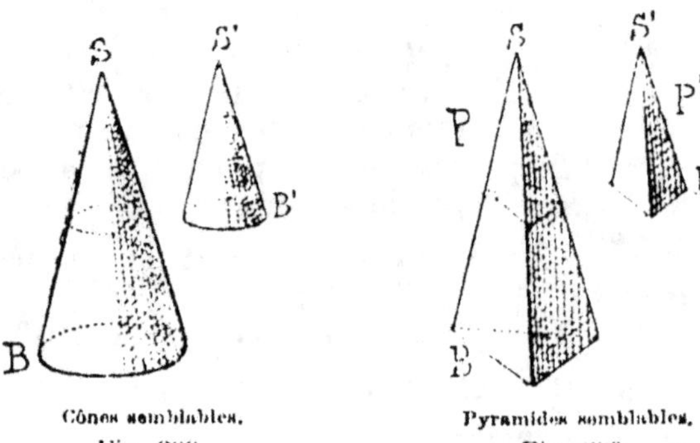

Cônes semblables.
Fig. 208.

Pyramides semblables.
Fig. 209.

Si l'on coupe une pyramide par un plan parallèle à la base, on obtient une pyramide semblable à la pyramide entière.

196. Propriétés des solides semblables. I. *Les lignes homologues des polyèdres semblables sont proportionnelles.*

II. *Les surfaces de deux solides semblables sont dans le même rapport que les carrés des dimensions homologues; il en est de même de deux faces homologues.*

III. *Les volumes de deux solides semblables sont dans le même rapport que les cubes des dimensions homologues.*

EXEMPLE : Soient deux sphères ayant pour rayons 6 mètres et 12 mètres.

Leurs surfaces sont entre elles comme les carrés de 6 et de 12, c'est-à-dire comme 36 est à 144, ou comme 1 est à 4.

Leurs volumes sont entre eux comme les cubes de 6 et de 12, c'est-à-dire comme 216 est à 1728, ou comme 1 est à 8.

Voir les Exercices proposés à la page **136.**

APPLICATIONS GÉOMÉTRIQUES

SUR LES DEUX PREMIERS LIVRES

Préliminaires.

197. Fil à plomb. Le fil à plomb est un fil qui supporte une petite masse en plomb à l'une de ses extrémités.

Verticale. La ligne verticale est une ligne droite qui suit la direction du fil à plomb.

Les lignes verticales figurent fréquemment dans les constructions.

EXEMPLES : Les lignes de rencontre de deux murs, les jambages des portes et des fenêtres, etc.

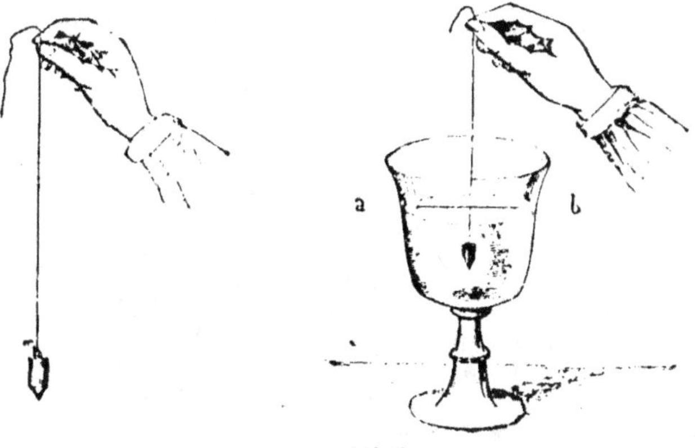

Fil à plomb.
Fig. 210.

Horizontale et verticale.
Fig. 211.

On dit qu'un objet est d'*aplomb* quand les lignes de cet objet qui doivent être verticales le sont réellement.

198. Horizontale. La ligne horizontale est une droite qui suit le niveau de l'eau dormante. — Elle est perpendiculaire à la verticale.

La figure 211 montre une horizontale sur l'eau en repos, et une verticale représentée par le fil à plomb; ces deux lignes sont perpendiculaires l'une à l'autre.

199. Tracé de la ligne droite. Pour obtenir une ligne droite, on fait glisser une pointe à tracer le long d'une règle.

On peut remplacer la règle par une feuille de papier pliée en deux.

Le menuisier, le charpentier, etc., se servent, pour tracer des lignes droites, d'un cordeau enduit d'une matière colorante : craie, suie, etc. (fig. 212).

Après avoir tendu ce cordeau, on le pince en l'écartant de la surface où doit être tracée la ligne droite ; lorsqu'on l'abandonne, il revient à sa position première, et marque sur la surface une empreinte en ligne droite.

Fig. 212.   Fig. 213.

Le jardinier se sert d'un cordeau tendu au moyen de deux piquets (fig. 213.)

200. Vérification de la règle. Vérifier une règle, c'est s'assurer qu'elle est droite.

Pour vérifier une règle, on trace une ligne avec le bord AB (fig. 214),

Fig. 214.   Fig. 215.

on retourne ensuite la règle comme si AB était une charnière, de manière à lui donner la nouvelle position AC'B, les points A et B ne changeant pas de place. On trace encore une ligne suivant le bord AB ; si les deux lignes n'en forment qu'une seule, la règle est droite.

Souvent une simple visée sur le bord de la règle, dans le sens de la longueur, suffit pour voir si elle est droite.

Dans le dessin, on préfère les règles plates, parce qu'elles sont moins sujettes à se déformer que les règles carrées.

201. Vérification de l'horizontale. Pour vérifier une direction horizontale, on se sert du *niveau*. On distingue diverses espèces

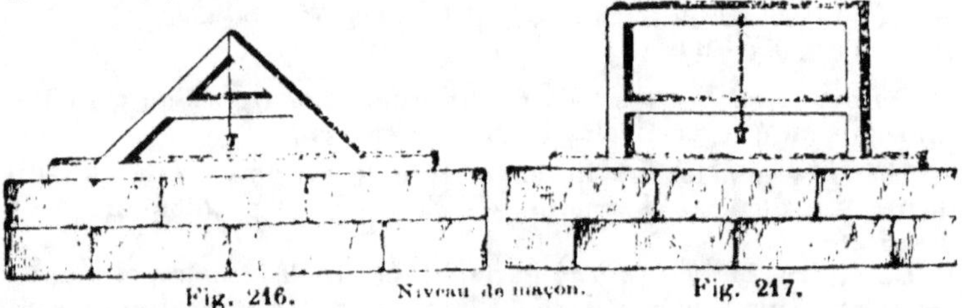

Fig. 216.   Niveau de maçon.   Fig. 217.

de niveaux (voir *Arpentage*). Nous ne mentionnerons ici que le niveau de maçon.

Le niveau de maçon se compose de deux règles assemblées à angle droit, et réunies par une traverse qui porte une ligne de repère, et d'un fil à plomb suspendu au sommet.

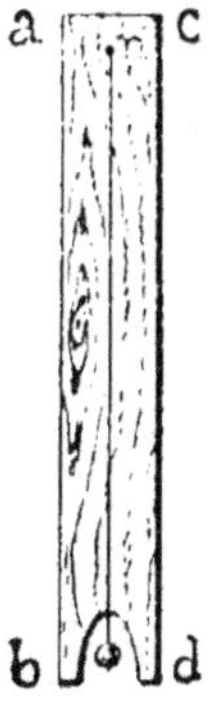

Pour s'assurer, par exemple, qu'une assise de pierres est horizontale, on place d'abord une règle sur cette assise, puis le niveau sur la règle.

Lorsque le fil à plomb passe sur la ligne de repère de la traverse, la direction de l'assise est horizontale.

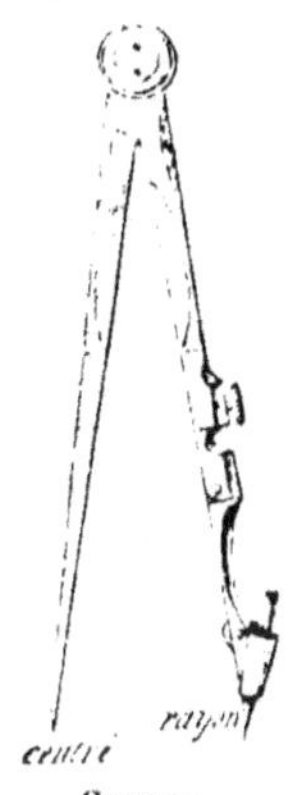

Fig. 218.
Niveau de côté.

202. Vérification de la verticale. Pour vérifier si une ligne est verticale, on emploie le fil à plomb ou bien encore un instrument appelé *niveau de côté.*

Ce niveau consiste en une règle plate dont les deux bords sont parallèles; sur cette règle est tracée, à égale distance des deux bords, une ligne appelée *ligne de foi.* Un fil à plomb est attaché en un point *n* de cette ligne.

Pour vérifier si une droite est verticale, on applique le long de cette ligne l'un des bords de la règle; si le fil à plomb coïncide avec la ligne de foi, la droite vérifiée est verticale.

203. Mesurer une ligne, c'est chercher combien de fois elle contient le mètre, le décimètre, le centimètre, etc.

Mesure des lignes droites. Les lignes droites tracées sur le papier se mesurent au moyen du double décimètre, que l'on place le long de la ligne à mesurer. On peut aussi prendre une ouverture de compas égale à la longueur de la ligne à mesurer, et porter cette ouverture sur le double décimètre.

Les longueurs usuelles, telles que la longueur d'une table, la largeur d'un appartement, se mesurent avec un mètre pliant ou avec un décamètre ruban. Le marchand de drap se sert d'un mètre en forme de bâton carré. Le mètre pliant du maçon est formé de 5 doubles décimètres.

Compas.
Fig. 219.

204. Tracé de la circonférence. Pour tracer une circonférence, on se sert du compas.

On emploie aussi quelquefois une règle qui porte un pivot à l'une de ses extrémités, et qui est munie à l'autre d'une pointe à tracer.

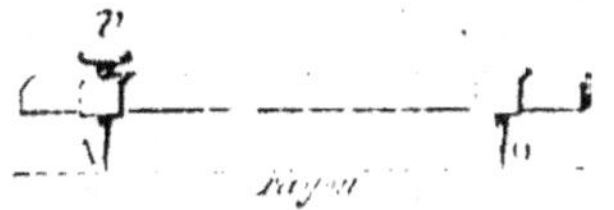

Fig. 220.

Pour tracer une circonférence sur un plancher ou sur un terrain, on se sert d'un cordeau.

§ 1. — Tracé des perpendiculaires à l'aide de l'équerre.

205. L'équerre du dessinateur est une planchette découpée en forme de triangle rectangle.

L'équerre du menuisier est formée de deux règles en bois assemblées à angle droit.

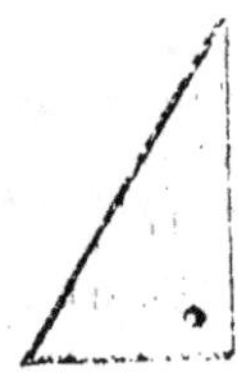

Équerre du dessinateur.   Équerre du menuisier.   Équerre du tailleur de pierres
Fig. 221.   Fig. 222.   Fig. 223.

L'équerre du tailleur de pierre est formée de deux règles en fer fixées à angle droit.

Une feuille de papier pliée en quatre peut remplacer l'équerre du dessinateur.

206. Vérification de l'équerre. Vérifier une équerre, c'est s'assurer qu'elle forme un angle droit.

On applique un coté *ab* de l'angle droit de l'équerre contre une règle, et l'on trace une ligne sur le bord de l'autre côté *bd*.

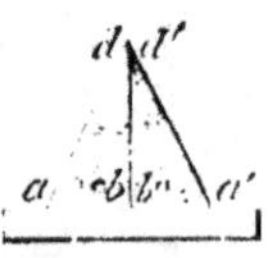
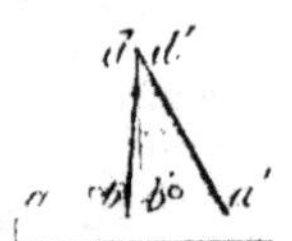
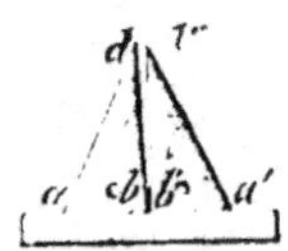

Équerre juste.   Équerre fausse.   Équerre fausse.
Fig. 224.   Fig. 225.   Fig. 226.

On retourne ensuite l'équerre de manière que le côté *ab* vienne en *b'a'*. Ce côté étant toujours appuyé contre la règle, on trace une nouvelle ligne sur le bord *b'd'*. Si les deux lignes coïncident, l'équerre est juste.

207. *D'un point O pris sur une droite AB, élever à l'aide de l'équerre une perpendiculaire sur cette droite.*

Placez une règle le long de la droite AB, et appliquez l'équerre contre cette règle de manière que le sommet de l'angle droit soit au point O, et tracez la droite OM sur le bord de l'équerre; c'est la perpendiculaire demandée.

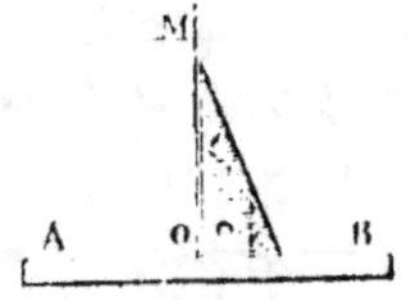

Fig. 227.

208. *D'un point A pris hors d'une droite, mener une perpendiculaire à cette droite à l'aide de l'équerre.*

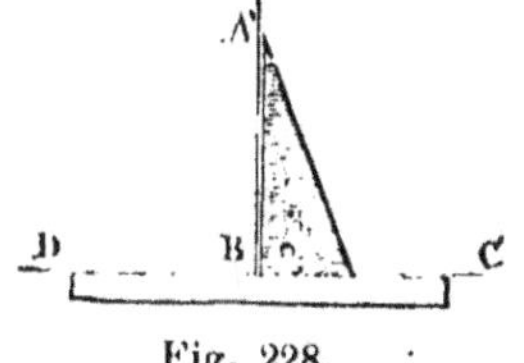
Fig. 228.

Appliquez la règle le long de la droite donnée DC, et faites glisser l'équerre sur la règle jusqu'au point donné C; tracez ensuite la droite AB. Cette ligne est la perpendiculaire demandée.

§ II. Tracé des perpendiculaires à l'aide de la règle et du compas.

209. **Problème préparatoire.** *Trouver un point O équidistant des extrémités d'une droite donnée AB.*

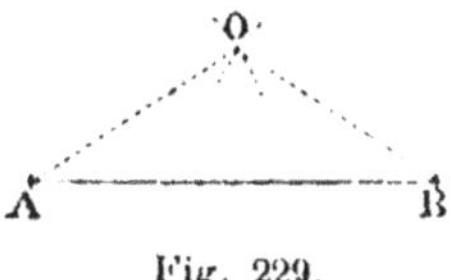
Fig. 229.

Des extrémités A et B de la droite donnée, avec une ouverture de compas plus grande que la moitié de la droite AB, décrivez deux arcs qui se coupent et donnent le point O également éloigné de A et de B.

210. *Élever une perpendiculaire au milieu d'une droite.*

Des extrémités A et B de la droite donnée (fig. 230), et avec une même ouverture de compas plus grande que la moitié de AB, décrivez des arcs qui se coupent en O et en O'; puis joignez ces deux points. La droite OO' est perpendiculaire au milieu de AB (fig. 230); car les points O et O' étant équidistants

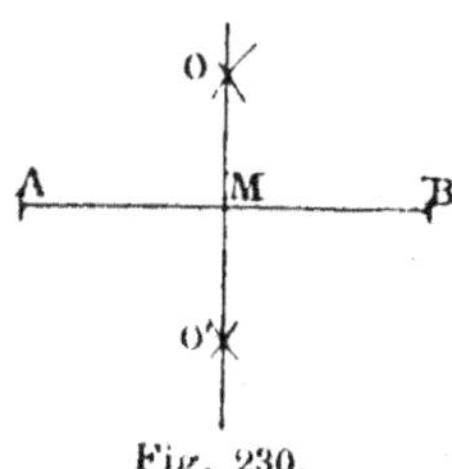

Fig. 230.

de A et de B appartiennent à la perpendiculaire élevée au milieu de AB. Le point M qui appartient à cette droite est donc le milieu de AB.

Remarque. Si l'on ne pouvait opérer que d'un seul côté de la droite, on chercherait avec deux rayons différents deux points O et O' équidistants des extrémités de la ligne AB.

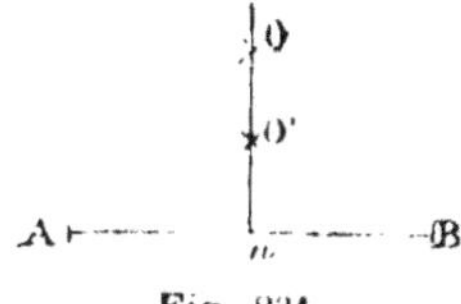
Fig. 231.

211. *Élever une perpendiculaire en un point D d'une droite donnée AB.*

1° Soit un point quelconque D d'une droite (fig. 232). Prenez de chaque côté du point D des longueurs égales DE, DF. Des points F et E comme centres avec un même rayon, décrivez deux

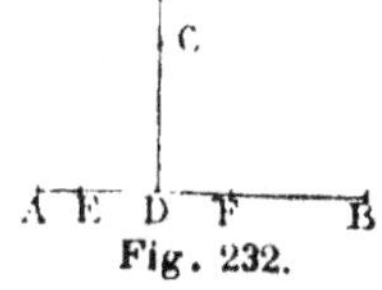
Fig. 232.

arcs qui se coupent en C. Menez CD qui est la perpendiculaire demandée.

2° *Autre procédé pour mener une perpendiculaire en un point A donné sur une droite.*

Du point A comme centre, décrivez un arc BCD avec un rayon quelconque; portez la même ouverture de compas de B en C, puis de C en D et en E, et enfin de D en E. Menez la droite AE, qui sera perpendiculaire sur AB, car l'arc BC = 60°; CD = 60°, etc.

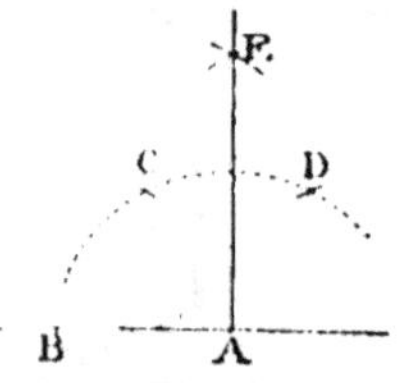

Fig. 232 *bis*.

3° *Élever une perpendiculaire à l'extrémité d'une droite donnée AB.*

De l'extrémité décrivez comme centre un arc quelconque BD, et portez la même ouverture de compas de B en D et de D en E; menez la droite BDE, qui détermine le point E. La droite AE est la perpendiculaire demandée.

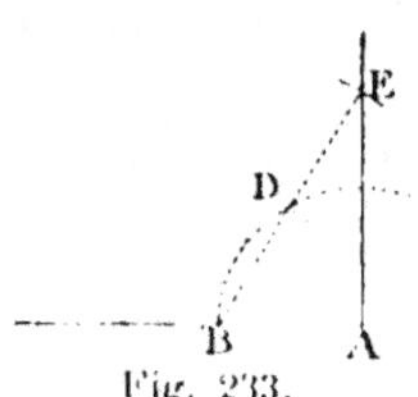

Fig. 233.

212. *D'un point C pris hors d'une droite, mener une perpendiculaire sur cette droite.*

Du point C comme centre, décrivez un arc qui coupe la droite en deux points M et N.

De ces points M et N comme centres, avec un même rayon, décrivez des arcs qui se coupent au point D. Menez ensuite CD, qui est la perpendiculaire demandée.

Fig. 234.

213. **Vérifier une perpendiculaire.** Pour s'assurer qu'une ligne CD est perpendiculaire sur AB prenez deux distances égales OF = OE à partir du pied de la perpendiculaire. Décrivez ensuite des points F et E comme centres, avec un même rayon, deux arcs qui devront se couper sur CD si cette droite est perpendiculaire sur AB.

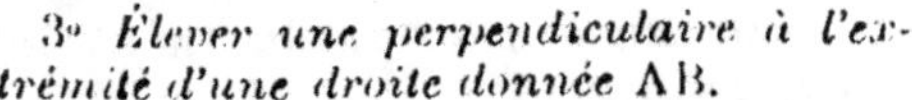

Fig. 235.

214. *Trouvez le complément d'un angle BAC.*

Élevez au sommet de l'angle une perpendiculaire AD à l'un de ses côtés AC.

L'angle DAB est le complément de l'angle BAC.

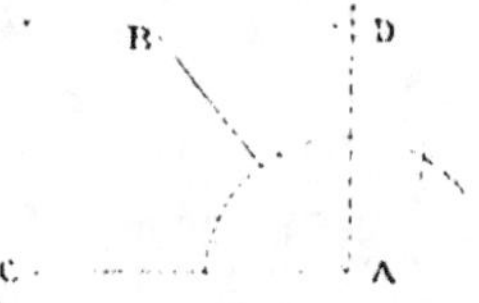

Fig. 236.

215. *Trouver le supplément d'un angle BAD.*

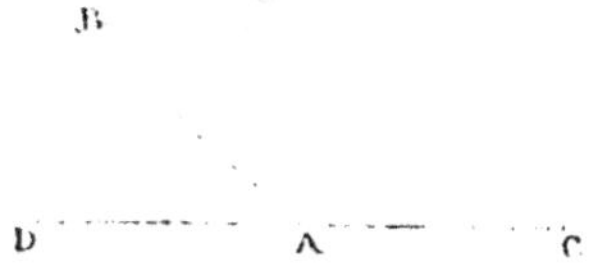

Fig. 237.

Prolongez l'un quelconque de ses côtés, AC par exemple, au delà du sommet.

L'angle BAC est le supplément de l'angle BAD.

§ III. — Figures symétriques.

216. Deux points A et B sont dits *symétriques* par rapport à une droite MN, lorsqu'ils sont situés sur une même perpendiculaire à cette droite, et à égale distance de cette droite AO = A'O.

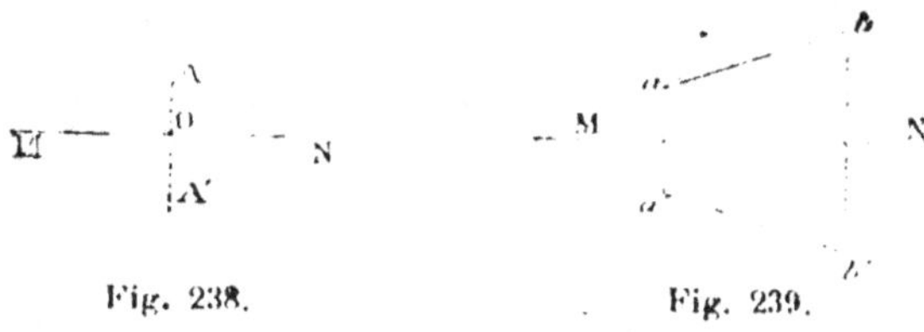

Fig. 238.   Fig. 239.

La droite MN s'appelle *axe de symétrie*.

217. Deux droites *ab*, *a'b'* sont symétriques par rapport à un axe MN, lorsque leurs extrémités sont des points symétriques (fig. 239).

Deux figures quelconques sont symétriques lorsqu'elles ont tous leurs points symétriques.

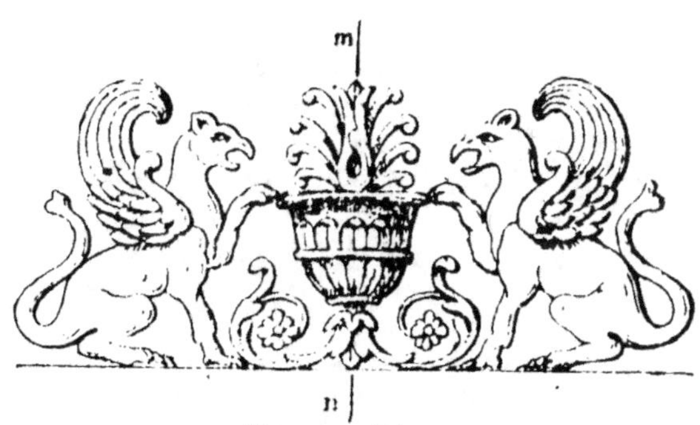

Figure symétrique.
Fig. 240.

En repliant une figure symétrique autour de son axe de symétrie, les deux moitiés de cette figure coïncident parfaitement.

La figure 240 est un exemple de figure symétrique.

Le dessinateur et le graveur, qui ont à faire des dessins symétriques, en tracent d'abord une moitié et font ensuite un décalque pour l'autre moitié symétrique.

§ IV. — Construction des angles.

218. 1° *A l'aide du compas, construire un angle égal à un angle donné.*

Soit à construire sur la ligne DE au point D un angle égal à l'angle A.

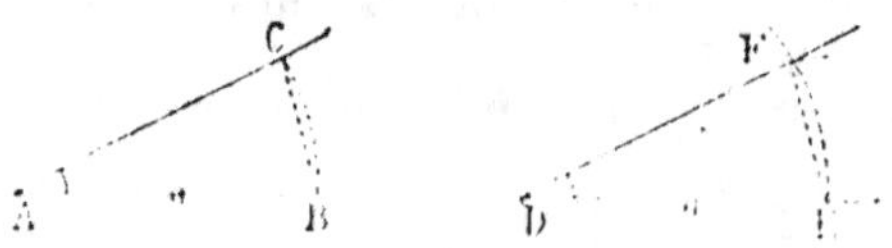

Fig. 241.

Des points A et D comme centres, avec un même rayon, décrivez les arcs BC et FE, puis prenez une ouverture de compas égale à la corde BC, et portez-la de E en F; enfin menez la droite DF.

L'angle D ainsi formé est égal à l'angle donné A. En effet, ces deux angles A et D ont pour mesure les arcs égaux BC et EF.

2° *A l'aide du rapporteur, construire un angle A' égal à un angle donné A.*

Placez le rapporteur sur l'angle A pour mesurer l'arc *mn* compris entre les côtés de cet angle; on le place ensuite en A' pour marquer l'extrémité *n'* d'un arc *m'n'* égal à l'arc *mn* (fig. 242).

Fig. 242.

Achevez la construction en traçant la droite B'A'.

Les deux angles A et A' sont égaux comme ayant même mesure, arc *mn* = arc *m'n'*.

219. Construire un angle de 60 degrés. Du point A choisi comme

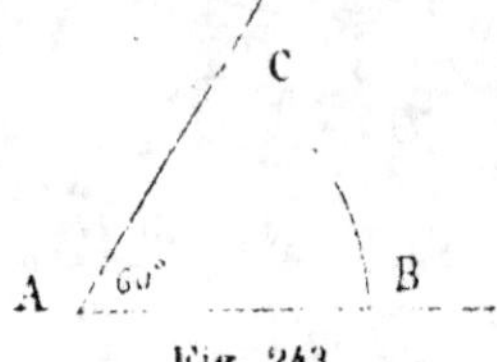

Fig. 243.

sommet de l'angle, décrivez un arc BC, et, à partir du point B, avec la même ouverture de compas, coupez l'arc au point C.

L'angle BAC est un angle de 60 degrés.

En effet, une corde égale au rayon sous-tend un arc de 60 degrés (n° 86). L'angle A est donc un angle de 60 degrés.

220. Pour relever et reproduire les angles, les menuisiers se servent d'un instrument appelé *fausse équerre* ou *sauterelle*. Ce sont deux règles réunies par une charnière. Ils appliquent la

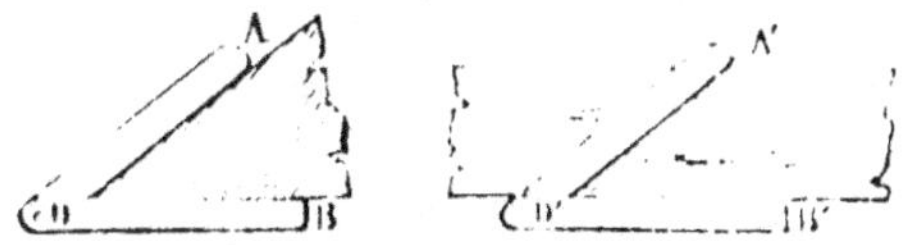

Fausse équerre ou sauterelle.
Fig. 244.

fausse équerre sur l'angle ADB à reproduire, de manière que les règles AD et DB coïncident avec les côtés de l'angle. Ils transportent ensuite l'instrument sur la surface où ils veulent obtenir l'angle égal A'D'B'.

§ V. — Division des lignes, des angles et de la circonférence en parties égales.

221. *Diviser une droite AB en deux parties égales.*
Élevez une perpendiculaire sur le milieu de cette droite; le point O, pied de cette perpendiculaire, divise la droite AB en deux parties égales.

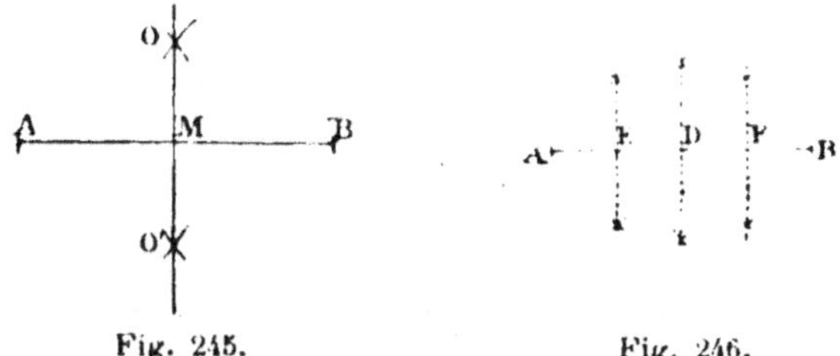

Fig. 245.   Fig. 246.

222. *Diviser une droite AB en quatre parties égales.*
Divisez d'abord la droite en deux parties égales, puis opérez sur chaque moitié comme sur la ligne entière.

223. *Diviser une ligne droite AB en un nombre quelconque de parties égales, cinq, par exemple.*
1° *A l'aide du double décimètre.* Mesurez la droite et pre-

Fig. 247.

nez le $\frac{1}{5}$ de cette mesure; portez successivement ce cinquième cinq fois sur la droite à partir du point A.

2° *A l'aide du compas, par tâtonnement.*

Soit la droite AB à diviser en cinq parties égales (fig. 248).

Prenez une ouverture de compas AC qui soit à vue d'œil le cinquième de AB, et portez-la cinq fois de suite de A vers B. S'il arrive que l'extrémité de la cinquième division tombe en B, la division est effectuée.

Mais, en général, elle tombe en un certain point situé en deçà ou au delà du point B. Supposons tout d'abord que l'ouverture prise soit AC, et que la 5° division tombe au point D. Sans déranger la pointe du compas qui se trouve en E, écartez l'autre pointe du compas d'une longueur qui soit à peu près le $\frac{1}{5}$ de BD, et portez cinq fois de suite la longueur obtenue de A en B.

224. *Diviser un angle A en deux parties égales, ou, en d'autres termes, mener la bissectrice de cet angle.*

Du sommet A, décrivez un arc CD, et des points C et D, décrivez deux autres arcs qui se coupent en M. Menez ensuite AM, qui est la bissectrice de l'angle A. Les deux triangles ACM et ADM sont égaux; ils ont leurs trois côtés égaux. Donc les angles en A sont égaux.

225. *Diviser un angle A en quatre parties égales.*

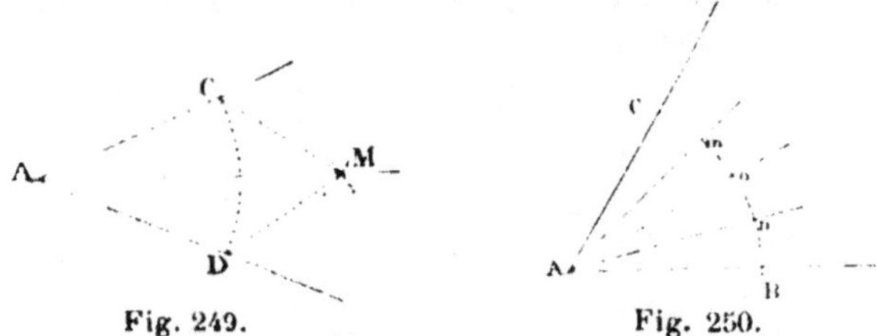

Fig. 249.   Fig. 250.

Divisez d'abord l'angle en deux parties égales, puis opérez sur chaque moitié comme sur l'angle total.

225 bis. *Diviser un angle droit en trois parties égales.*

Du point O, décrivez un arc quelconque AB des points A et B comme centres, et avec la même ouverture de compas, déterminez par des arcs les points D et C qui donnent la division demandée. En effet, l'arc AB vaut 90°, l'arc BC vaut 60° (n° 86); donc l'arc AC qui égale leur différence = 90° — 60° = 30°. De même AD vaut 60°; donc DB = 90° — 60° = 30°. L'arc CD vaut l'arc AB diminué des deux arcs AC et DB.

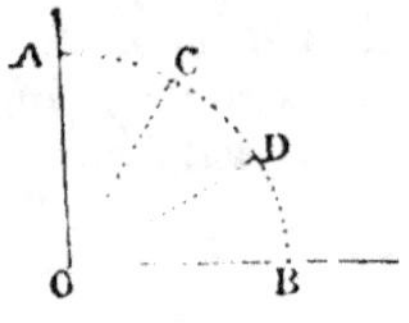

Fig. 251

Or   AC + DB = 60°;
donc   CD = 90° — 60° = 30°

226. *Diviser une circonférence en deux, quatre, huit... parties égales.*

Pour diviser une circonférence en deux parties égales, menez un diamètre.

Pour diviser une circonférence en quatre parties égales, menez deux diamètres perpendiculaires (n° 79).

Pour diviser la circonférence en huit parties égales, menez les bissectrices des angles formés par les deux diamètres perpendiculaires.

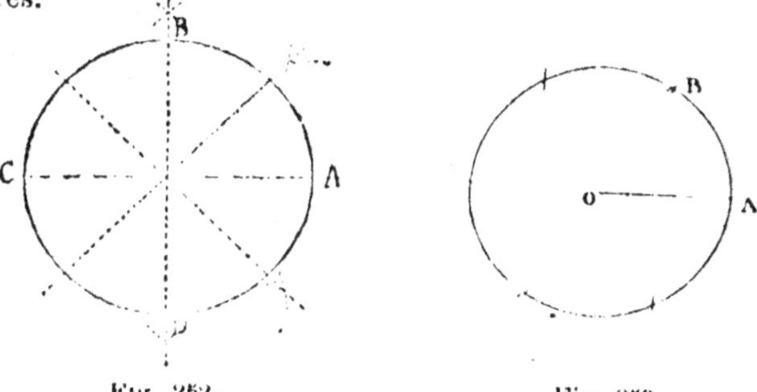

Fig. 252.   Fig. 253.

227. *Diviser une circonférence en trois, six, douze... parties égales.*

On opère d'abord la division de la circonférence en six parties égales, en portant six fois sur la circonférence une ouverture de compas égale au rayon.

En prenant deux divisions, on a $\frac{1}{3}$ de la circonférence.

En divisant chaque sixième en deux parties égales, la circonférence est divisée en douze parties égales.

Remarque. *On peut encore faire la division de la circonférence en douze parties égales de la manière suivante :*

On mène deux diamètres perpendiculaires AB et CD ; puis des

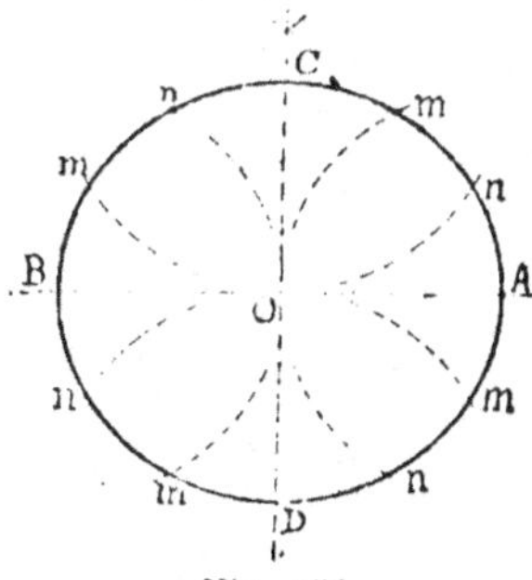

Fig. 254.

extrémités ABCD de ces diamètres comme centres, on décrit les arcs *mn* avec un rayon égal à celui de la circonférence.

Chaque quadrant est partagé en trois parties égales (n° 225).

228. *Diviser une circonférence en un nombre quelconque de parties égales.*

1° *A l'aide du rapporteur.*

Soit à diviser une circonférence en cinq parties égales.

On prend le $\frac{1}{5}$ de 360°, qui est de 72°, et l'on fait un angle de 72°, ayant son sommet au centre de la circonférence.

L'arc intercepté vaut 72°. C'est le $\frac{1}{5}$ de la circonférence.

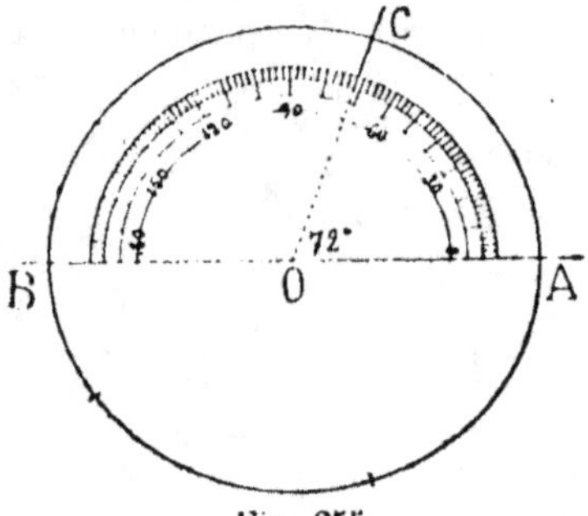

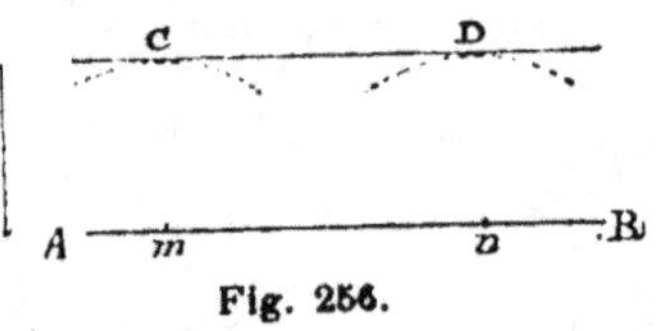

Fig. 255.

2° *A l'aide du compas, par tâtonnement.*

On procède comme il a été dit pour la division de la ligne droite.

Prenez une ouverture de compas que vous supposez être approximativement $\frac{1}{5}$ de la circonférence. Si la division ne s'effectue pas exactement, augmentez ou diminuez cette ouverture du $\frac{1}{5}$ de la différence apprécié à vue d'œil.

Remarque. La division de la circonférence en parties égales sert à construire les polygones réguliers.

Quand cette division est effectuée, il suffit de joindre les points de deux en deux.

§ VI. — Construction des parallèles.

229. 1° *A une droite* AB *mener une parallèle qui soit à une distance donnée* d *de cette droite.*

Prenez une ouverture de compas égale à la distance d, et, de deux points m et n, pris à volonté sur AB, décrivez les arcs C et D. Placez ensuite la règle tangentiellement à ces arcs et menez CD, qui est la parallèle demandée.

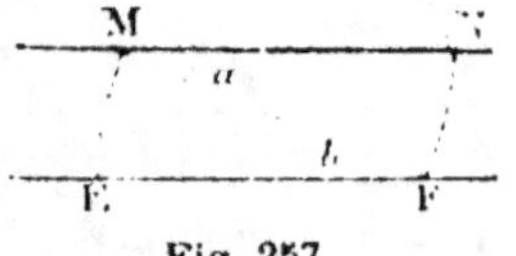

Fig. 256.

* 2° *D'un point donné* M, *mener une parallèle à une droite donnée* EF.

D'un point quelconque F pris sur la droite donnée EF, et avec la distance FM pour rayon, décrivez l'arc ME. Avec le même rayon et du point M comme centre, décrivez l'arc FN, sur lequel vous portez FN égal à EM. Menez ensuite la droite MN, qui est la parallèle demandée.

Fig. 257.

230. Parallèles à l'aide de l'équerre. Pour mener des parallèles à AB à l'aide de l'équerre, on place la règle et l'équerre l'une contre l'autre, de manière que l'un des côtés de l'équerre coïncide avec la droite AB; puis on fait glisser l'équerre le long de la règle, et on trace successivement les lignes m, n, s, t.

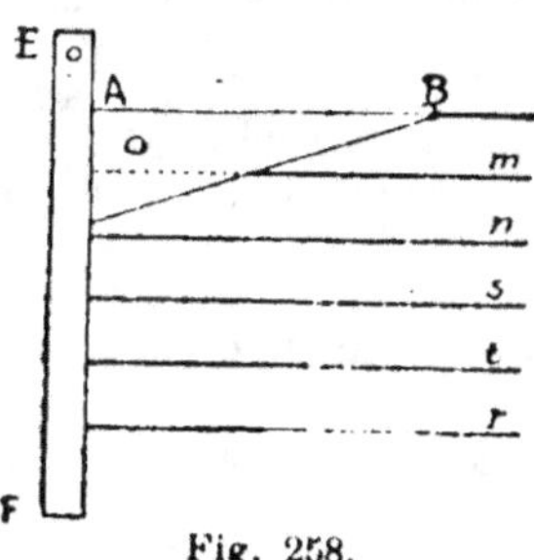

Fig. 258.

231. Usage du *té* pour mener des parallèles. Le *té* est un instrument composé de deux règles assemblées à angle droit en forme de **T**; il sert à mener des parallèles. *Lorsque les bords du panneau sont bien à angle droit, les parallèles menées suivant deux bords adjacents sont perpendiculaires entre elles.*

Pour mener des parallèles, on applique la tête du *té* contre le bord du panneau, on fait glisser l'instrument, et l'on trace des lignes sur le bord de la longue règle du *té* aux diverses positions où l'on veut obtenir des parallèles.

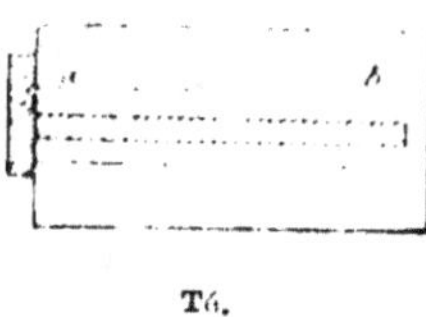

Fig. 259.

Souvent le *té* porte une lame mobile autour d'un axe. Cette lame peut être assujettie à l'aide d'un écrou, et sert à dresser le *té* pour tracer des parallèles dans différentes positions.

232. Emploi du trusquin. Le *trusquin* est un instrument dont se servent les menuisiers pour mener des lignes parallèles au bord d'une planche.

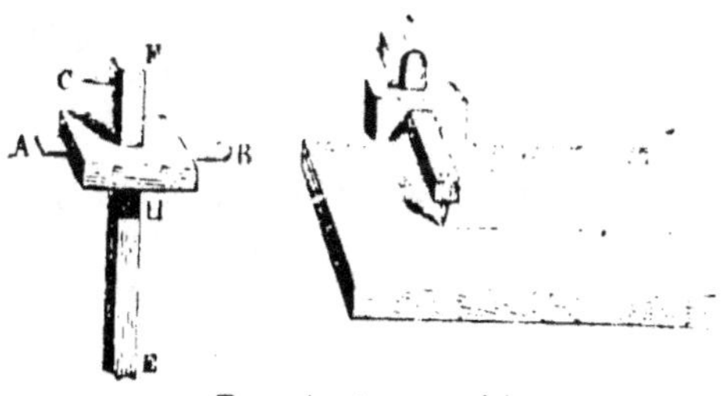

Fig. 260.   Fig. 261.

Cet instrument se compose d'une règle carrée EF, portant une pointe à tracer. Une planchette carrée H peut glisser le long de la règle carrée. Un taquet AB permet de régler le frottement plus ou moins dur de cette planchette et de la fixer sur la règle. La distance de la pointe à tracer à la planchette peut donc être déterminée à volonté. Une fois l'instrument réglé, si l'on fait glisser cette planchette le long du bord d'une planche, la pointe C tracera une ligne parallèle au bord de la planche.

§ VII. — Construction des triangles.

233. *Construire un triangle, étant donnés deux côtés* a *et* b *et l'angle compris* C.

On construit d'abord un angle C égal à l'angle donné; ensuite,

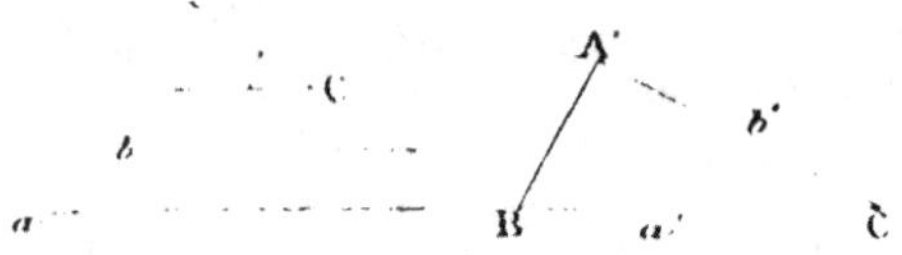

Fig. 262.

sur les côtés de cet angle, on porte CB égal au côté *a* et CA égal au côté *b*, et l'on mène AB qui termine le triangle demandé.

234. *Construire un triangle, étant donnés un côté* a *et les deux angles adjacents* B *et* C.

On trace une droite B'C' égale au côté donné *a*; on reproduit

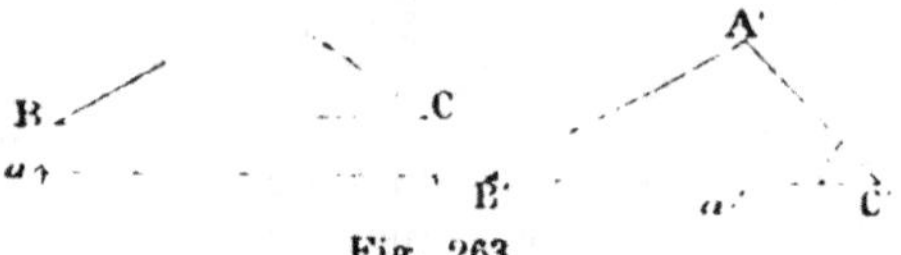

Fig. 263.

l'angle B en B', et l'angle C en C', et l'on obtient le triangle demandé (n° 42).

Remarque. La somme des deux angles donnés doit être moindre que deux angles droits (n° 53).

235. *Construire un triangle, étant donnés les trois côtés* a, b, c.

On trace une droite BC égale à l'un des côtés donnés, *a*, par exemple; des points B et C, avec des rayons égaux respecti-

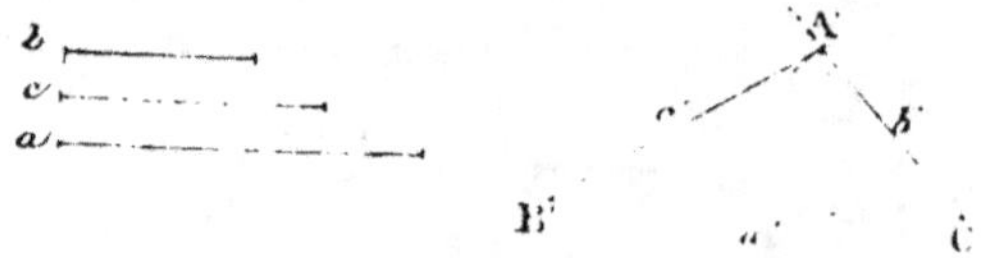

Fig. 264.

vement aux côtés *c* et *b*, on décrit des arcs dont la rencontre en A détermine le troisième sommet du triangle demandé.

4 — COURS MOYEN.

Remarque I. Pour que le problème soit possible, il faut que le plus grand des côtés donnés soit moindre que la somme des deux autres côtés, et que le plus petit soit plus grand que la différence des deux autres.

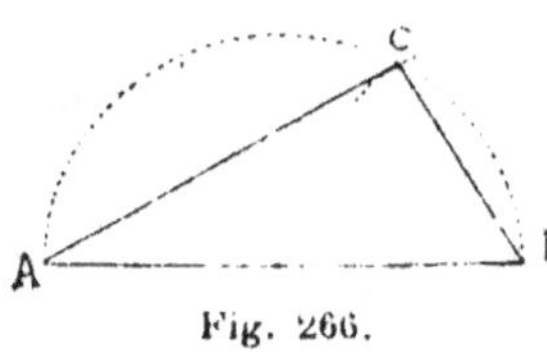

Fig. 265.

Remarque II. Construire un triangle équilatéral dont on connaît le côté, revient à construire un triangle étant donnés les trois côtés.

236. *Construire un triangle rectangle, connaissant l'hypoténuse et un côté de l'angle droit.*

Décrivez une demi-circonférence, ayant pour diametre AB, hypoténuse donnée ; puis du point B, avec une ouverture de compas égale au côté donné, coupez en C la demi-circonférence.

Le triangle ABC est le triangle demandé : 1° il est rectangle, puisque l'angle C est inscrit dans une demi-circonférence (n° 84) ; 2° le côté BC

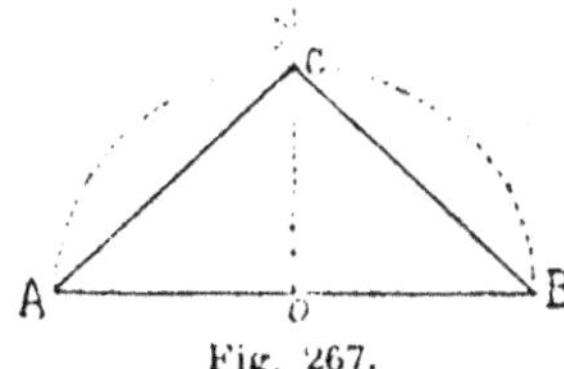

Fig. 266.

est égal au côté donné, et 3° AB est égal à l'hypoténuse donnée.

237. *Construire un triangle rectangle isocèle, connaissant la longueur de l'hypoténuse.*

Décrivez une demi-circonférence, ayant pour diamètre AB l'hypoténuse donnée.

Ensuite élevez un rayon perpendiculaire à ce diamètre.

Fig. 267.

Le triangle ABC est rectangle et isocèle.

§ VIII. — Construction de quadrilatères.

238. *Construire un carré, connaissant le côté.*

On trace une droite AB égale au côté donné *m* (fig. 268) ; au point A on élève une perpendiculaire AD égale à *m*. Des points D et B, avec une ouverture de compas égale aussi à *m*, on décrit des arcs qui se coupent au point C. On mène DC et BC, et on forme le carré demandé ABCD.

Fig. 268.

239. *Construire un carré dont on connaît la diagonale.*

Soit a la diagonale donnée (fig. 269). On mène deux perpendiculaires indéfinies HE, FD. On porte, à partir du point de rencontre O, des longueurs OE, OF, OD, OH égales à la moitié de la diagonale donnée.

Fig. 269.   Fig. 270.

240. *Construire un rectangle dont on donne les deux dimensions.*

Soient données B et S la longueur et la hauteur du rectangle (fig. 270). Pour construire ce rectangle, on fait en A un angle droit, et on prend AB = B, AD = S.

Du point B comme centre avec S pour rayon, et du point D avec B pour rayon, on décrit deux arcs qui se coupent au point C; on obtient le quadrilatère ABCD, qui est le rectangle demandé.

241. *Construire un losange, connaissant les diagonales.*

Pour construire un losange dont les diagonales sont a et b, on trace deux perpendiculaires indéfinies AC et BD (fig. 271), et l'on porte, à partir du point O, les longueurs OB et OD moitié de b, et les longueurs OA et OC, moitié de a.

Fig. 271.   Fig. 272.

242. *Construire un trapèze symétrique, connaissant les deux bases et la hauteur.*

Soient b et b' les bases données et h la hauteur (fig. 272). Pour construire le trapèze, on prend MN = h et l'on élève deux perpendiculaires AB et DC aux extrémités M et N, sur lesquelles, à partir des points M et N, on porte respectivement la moitié des bases b et b', et l'on mène AD et BC.

243. *Construire un octogone régulier au moyen d'un carré.*
Soit le carré ABCD. Menez les deux diagonales.

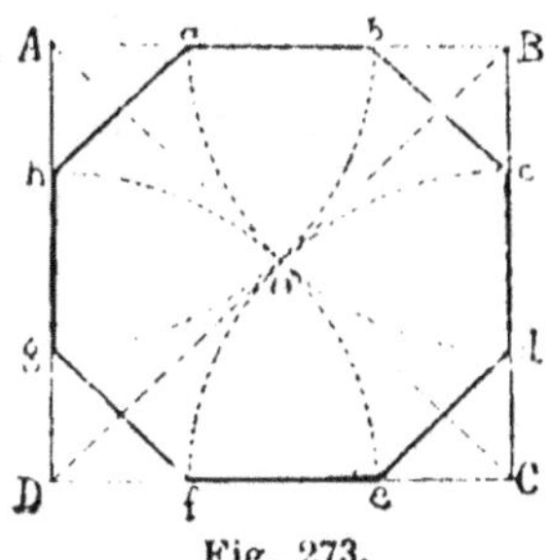

Fig. 273.

De chaque sommet du carré comme centre, avec un rayon égal
à la moitié de la diagonale, décrivez des quarts de cercle qui,
en coupant les côtés du carré, détermineront les sommets de
l'octogone régulier.

Applications des quadrilatères.

Rectangle. Le *rectangle* est le plus employé des quadrilatères;
les portes, les fenêtres, les murs, les planchers de nos apparte-
ments, les cadres de tableaux, les feuilles d'un livre, etc., ont
la forme rectangulaire.

Mur en briques.
Fig. 274.

Parquet.
Fig. 275.

Croisée.
Fig. 276.

Carré. Le *carré* est employé dans les carrelages, dans les panneaux des portes, dans les plantations en carré, etc.

Plantation en carré.
Fig. 277.

Parquet en points de Hongrie.
Fig. 278.

Carrelage.
Fig. 279.

Parallélogramme. Le *parallélogramme* se retrouve dans certains parquets dits en points de Hongrie, etc.

Losange. Le *losange* sert à la décoration des panneaux, des
portes. Les parquets, les treillis sont souvent formés de losanges.

On rencontre le *trapèze* dans les toits à quatre pentes, dans les
tas de gravier ou de pierres destinées à recharger les routes, etc.

Les terrains cultivés ont généralement la forme d'un polygone.

§ IX. Copier un polygone quelconque.

244. On peut employer plusieurs procédés pour copier un polygone quelconque :

1er Moyen. *En le décomposant en triangles.* Pour reproduire le polygone P (fig. 280), on le décompose en triangles 1, 2, 3, 4, et

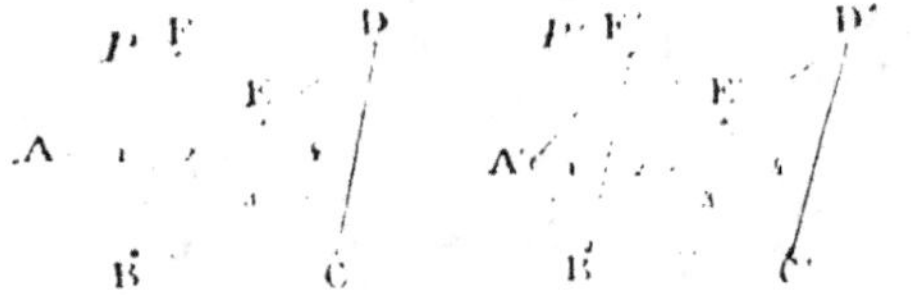

Fig. 280.

l'on construit, successivement et dans le même ordre, chacun de ces triangles dont on connaît les trois côtés ; on obtient ainsi le polygone P′ égal au polygone donné.

2e Moyen. *Par trapèzes et triangles rectangles.* On joint par une ligne droite AE (fig. 281) deux sommets opposés, et de chacun

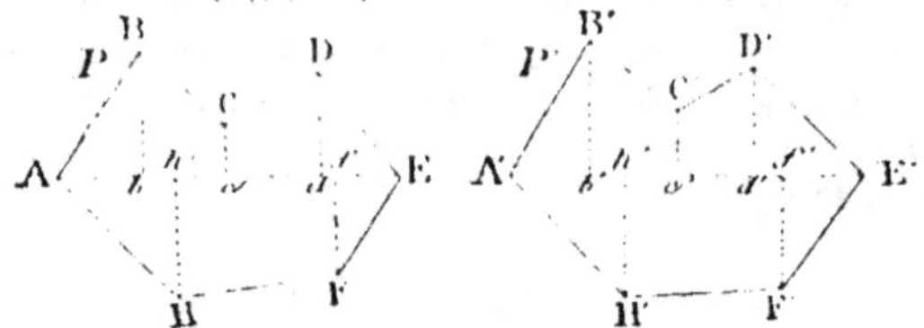

Fig. 281.

des autres sommets on abaisse des perpendiculaires sur cette ligne.

Puis on mène une ligne A′E′ = AE, sur laquelle on porte les longueurs A′b′ = Ab, b′h′ = bh, h′c′ = hc, c′a′ = ca, d′f′ = df, f′E′ = fE. Aux points b′, h′, c′, d′, f′, on élève des perpendiculaires respectivement égales aux perpendiculaires correspondantes du polygone P. On obtient ainsi le polygone P′ égal au polygone P comme étant formé de triangles et de trapèzes rectangles égaux à ceux du polygone P.

Remarque. Pour copier une courbe, on peut marquer sur cette courbe un certain nombre de points, et considérer ces points

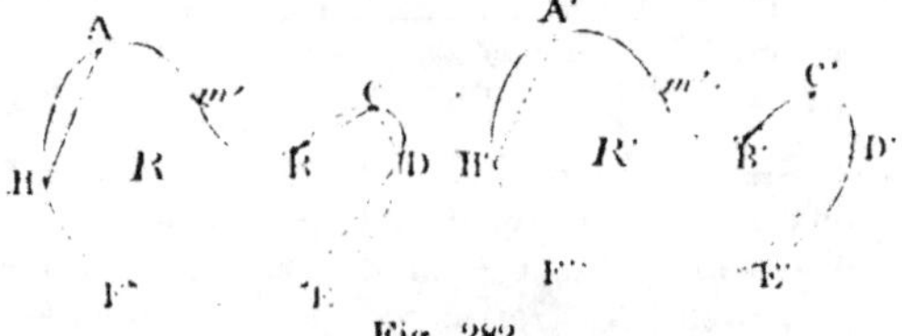

Fig. 282.

comme les sommets d'un polygone (fig. 282). Ensuite, à l'aide de l'un des moyens indiqués, on construit un second polygone égal, et l'on trace à la main une courbe qui passe par les sommets de ce nouveau polygone.

On a soin de bien fixer les points où la courbe coupe les côtés du polygone, comme, par exemple, le point m.

§ X. Construction de tangentes.

245. *Mener une tangente à une circonférence en un point pris sur cette circonférence.*

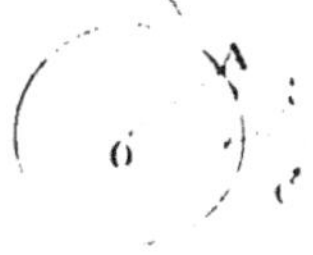

Pour obtenir une tangente au point A, on mène le rayon AO, et on élève la perpendiculaire AC à l'extrémité de ce rayon.

AC est tangente à la circonférence, car elle est perpendiculaire à l'extrémité du rayon OA (n° 76).

Fig. 283.

246. *D'un point pris hors d'une circonférence, mener une tangente à cette circonférence.*

Soit à mener du point A une tangente à la circonférence O.

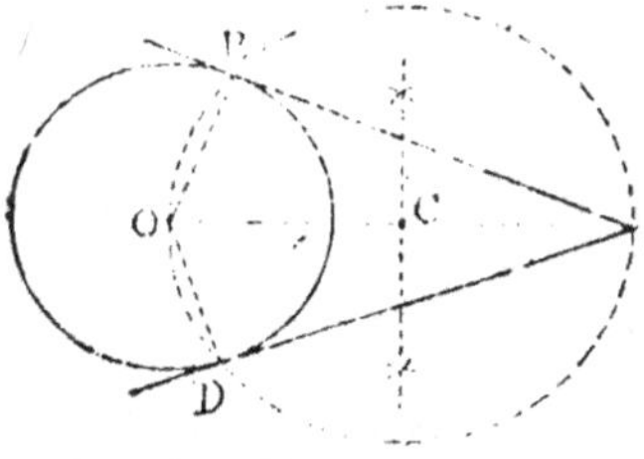

Ce problème est susceptible de eux solutions.

On joint le point A au centre de la circonférence. On décrit ensuite une circonférence sur AO comme diamètre, et l'on joint le point **A** aux points B et D où la circonférence auxiliaire coupe la circonférence donnée. Les deux droites AB et AD répondent à la question.

Fig. 284.

En effet, l'angle ABO est droit comme inscrit dans un demicercle. Par suite, la droite AB est perpendiculaire à l'extrémité du rayon OB; elle est donc tangente à la circonférence O. Il en est de même de la droite AD.

Remarque. Pratiquement, on place la règle au point A et tangentiellement à la circonférence, et l'on trace la tangente AB.

Remarque. Deux tangentes menées d'un même point à une circonférence sont égales. Ainsi AB = AD.

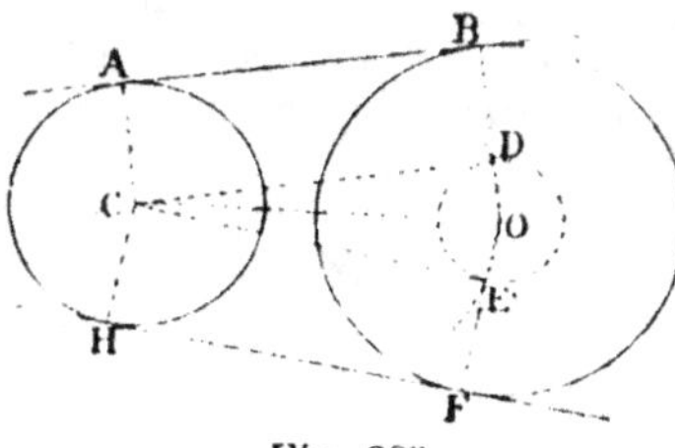

247. *Mener une tangente commune à deux circonférences.*

I. Extérieurement. Du centre de la grande circonférence, avec un rayon égal à la différence des rayons des deux circonférences données, on décrit

Fig. 285.

une circonférence à laquelle on mène du centre C les tangentes auxiliaires CD et CE (n° 246). Au point de contact on mène le

rayon OD que l'on prolonge jusqu'en B, et le rayon OE jusqu'en
F, puis on trace les rayons AC et CH parallèles à OB et à OF,
et l'on mène AB et FH, qui sont les tangentes demandées.

248. II. Intérieurement. On décrit une circonférence auxiliaire
avec un rayon égal à la somme
des deux rayons des circonférences données ; du point O on
mène OD et OF, tangentes à la
circonférence auxiliaire. On joint
les points D et F au centre C,
ce qui détermine les points de
contact A et I. On mène ensuite
BO parallèle à CD et OH parallèle
à CF, ce qui donne les deux
autres points de contact H et B.

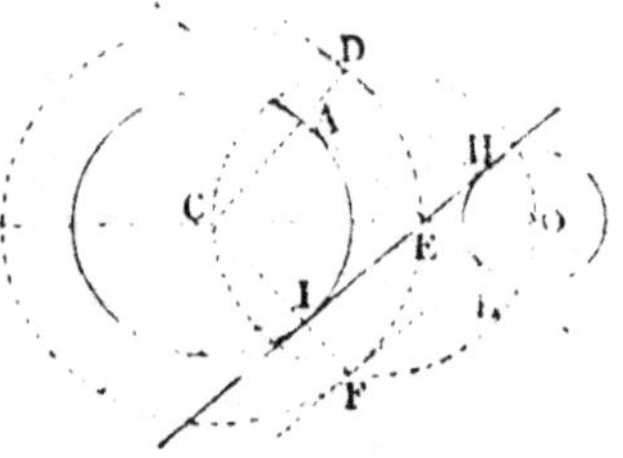

Fig. 286.

Les droites AB et HI sont tangentes aux deux circonférences.

Les courroies sans fin sont une application des tangentes communes.

Lorsque les roues doivent tourner dans le même sens (fig. A),

Courroies sans fin.

Tangentes extérieurement.   Tangentes intérieurement.
Fig. 287.   Fig. 288.

les courroies sont dites tangentes extérieurement, et lorsque les
roues doivent tourner en sens contraire, les courroies sont dites
tangentes intérieurement (fig. B).

§ XI. Raccordement des lignes.

249. Le *raccordement des lignes* a pour but d'unir des lignes
droites avec des lignes courbes, ou des lignes courbes entre elles,
de manière qu'elles n'offrent aucune brisure aux points de jonction.

Pour que deux lignes se raccordent, il faut qu'elles soient
tangentes entre elles au point de raccord.

Le raccordement des lignes est basé sur les deux principes suivants:

1er Principe. *Un arc et une ligne droite se raccordent lorsque
le centre de l'arc est sur la perpendiculaire élevée à la droite, au
point de contact (fig. 289).*

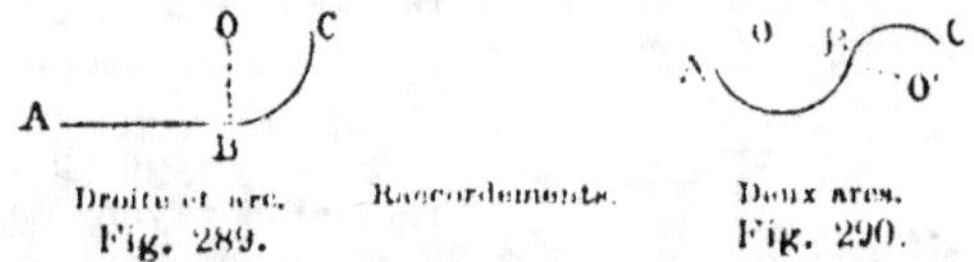

Droite et arc.   Raccordements.   Deux arcs.
Fig. 289.   Fig. 290.

2e Principe. *Deux arcs de cercle se raccordent lorsque les
deux centres et le point de contact sont sur une même ligne droite.*

250. *A une droite donnée, raccorder un arc qui doit passer par un point donné.*

Soit à décrire un arc passant au point A, et se raccordant avec la droite CD au point D.

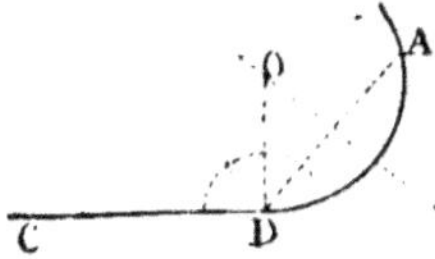

Raccordements, droite et arc.

Fig. 291.

Le centre de l'arc doit se trouver à la fois sur la perpendiculaire élevée au milieu de AD et sur la perpendiculaire OD, élevée à l'extrémité de CD (1er *principe*). On prendra le point O pour centre et OD pour rayon de l'arc à décrire.

Il y a raccordement, car le centre de l'arc est sur la perpendiculaire élevée à la droite au point de contact.

251. *A un arc donné, raccorder un autre arc passant par un point donné.*

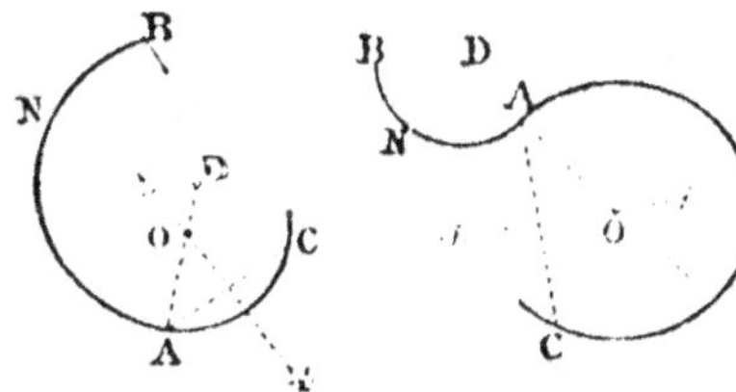

Raccordement de deux arcs.

Fig. 292.   Fig. 293.

On donne l'arc ANB limité au point A, il faut le raccorder avec un arc qui doit passer au point C.

La droite AC est une corde de l'arc. Le centre de cet arc doit se trouver à la fois sur la perpendiculaire élevée au milieu de AC, et sur la direction AD qui joint le centre D au point de contact A. On décrit l'arc avec OA pour rayon.

1° Il y a raccordement, car les deux centres et le point de contact sont sur une même ligne droite ;

2° L'arc qui aura OA pour rayon passera au point C, car le point O est équidistant de A et de C.

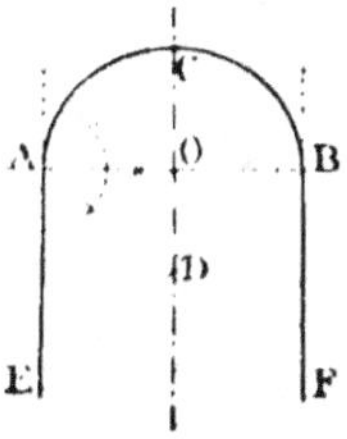

252. Problème : *Raccorder deux droites parallèles AE et BF.*

Le centre de l'arc de raccordement sera sur la droite AB, perpendiculaire commune aux parallèles, et au milieu de AB.

Il y a raccordement, car les droites AE et BF sont perpendiculaires aux rayons OA et OB.

Raccordement de deux parallèles.

Fig. 294.

253. *Raccorder deux droites convergentes par un arc de cercle, l'un des points de raccordement étant donné.*

Soit à raccorder les deux droites AB et DE par un arc de cercle qui doit partir du point A.

Le centre de l'arc se trouve : 1° sur la bissectrice de l'angle formé par les droites AB et DE. On prolongera ces droites, et on mènera la bissectrice CO ; 2° le centre doit aussi se trouver sur la droite AO, perpendiculaire à AB (fig. 295). La rencontre

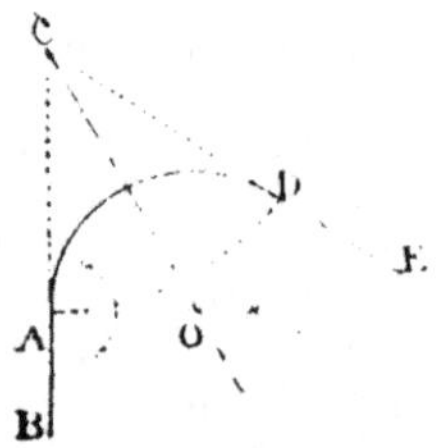

Raccordement de deux droites convergentes.
Fig. 295.

O est le centre, et OA le rayon de l'arc à décrire. L'arc AD détermine le point de contact D sur la droite DE.

§ XII. Figures curvilignes.

254. Comme application des raccordements, nous étudierons les figures curvilignes suivantes : *l'ove, l'ovale, l'anse de panier, la fausse spirale, l'ellipse.*

Ove. L'ove est une figure curviligne limitée par quatre arcs de cercle et rappelant la forme de l'œuf.

Sur une droite donnée AB comme diamètre, construire une ove.

On élève la perpendiculaire EI sur le milieu de AB. Du point E comme centre on décrit une circonférence, et l'on mène les droites AOG et BOF. Des points A et B, avec AB pour rayon, on décrit les arcs BG et AF. Enfin, du point O, on décrit l'arc FIG.

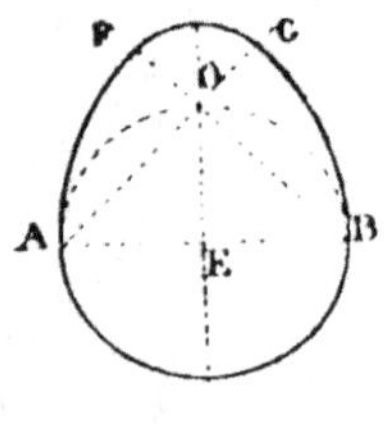

Ove.
Fig. 296.

255. Ovale. L'ovale est une figure curviligne limitée par quatre arcs de cercle disposés symétriquement par rapport à deux axes rectangulaires.

256. *Sur une droite donnée AB comme grand axe tracer un ovale.*

On décrit deux circonférences ayant chacune pour rayon le tiers de la ligne donnée AB, et dont les centres sont aux points C et D, qui divisent AB en trois parties égales. On mène les droites ICG, IDH, PCE, PDF, qui déterminent les points de contact des arcs EAG, FBH, EF, GH, lesquels ont pour centres les points C, D, P, I.

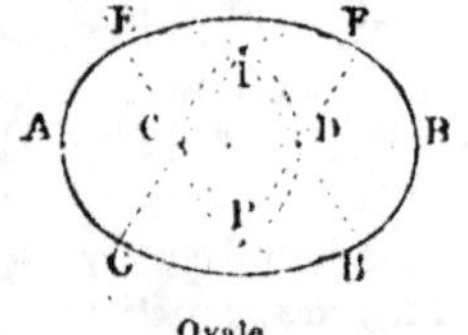

Ovale.
Fig. 297.

On voit facilement que les arcs se raccordent, car les centres et les points de contact sont en ligne droite.

257. Anse de panier. L'*anse de panier* est une courbe de la forme d'un demi-ovale. L'anse de panier est formée d'un nombre impair d'arcs de cercle. La plus simple est composée de trois arcs de cercle dont deux sont égaux. On peut en tracer à 5, 7, 9, 11 arcs.

AA' est appelée ouverture ou largeur de l'anse de panier; BO, flèche de l'anse de panier.

La longueur de la flèche varie entre $\frac{1}{3}$ et $\frac{1}{4}$ de l'ouverture.

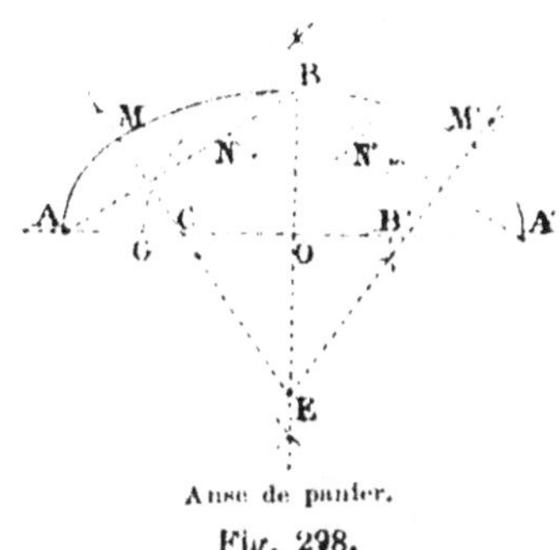

Anse de panier.

Fig. 298.

Tracer une anse de panier à trois centres.

Soient AA' l'ouverture et BO la flèche de l'anse de panier.

Pour tracer la courbe, on mène les lignes AB et A'B, et l'on fait OG = OB à l'aide d'un arc de cercle ayant le point O pour centre. On porte AG en BN et BN'; puis on élève des perpendiculaires ME, M'E au milieu de AN et de A'N'. Les points C, E, B' sont les centres des arcs AM, MBM', M'A qui

forment l'anse de panier.

258. La *fausse spirale* est une figure curviligne formée d'arcs de cercle qui s'éloignent progressivement et dans le même sens d'un point fixe.

Construire une fausse spirale.

Pour construire une fausse spirale à deux centres, on mène

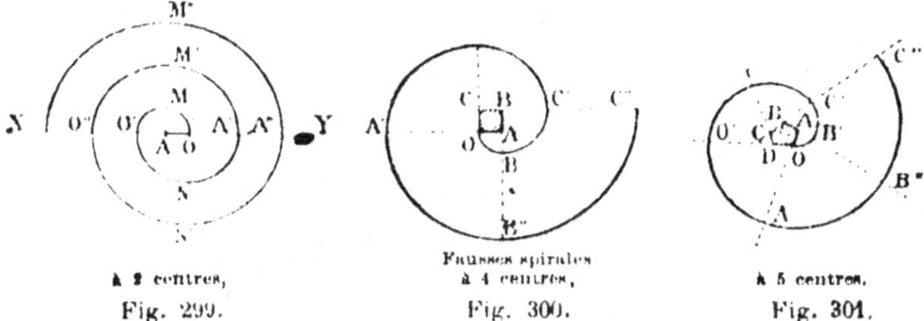

à 2 centres,

Fig. 299.

Fausses spirales
à 4 centres,

Fig. 300.

à 5 centres.

Fig. 301.

une ligne indéfinie XY, on décrit une demi-circonférence ayant AO pour rayon, ensuite on décrit successivement des demi-circonférences se raccordant entre elles en prenant successivement pour centres les points A et O.

Pour construire une fausse spirale à plus de deux centres, on trace un polygone régulier quelconque, et l'on prolonge tous les côtés dans un même sens. On prend ensuite successivement chaque sommet du polygone pour centre des différents arcs dont les rayons augmentent chaque fois de la longueur d'un côté du polygone. On remarquera que chaque arc s'arrête au prolongement du côté voisin. Deux arcs consécutifs ont leurs centres et leur point de contact en ligne droite.

259. Ellipse. L'*ellipse* est une courbe plane, telle que la somme des distances de chacun de ses points à deux points fixes situés dans son plan est constante.

Les points fixes F et F' se nomment *foyers*.

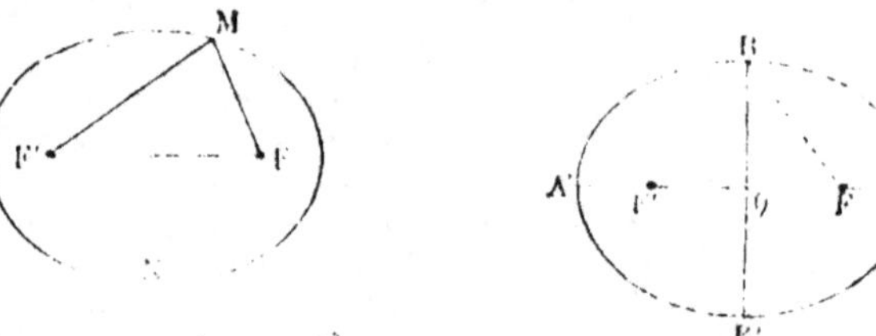

FM + MF' = AA'.   Ellipse.   Manière de déterminer les foyers.
Fig. 302.   Fig. 303.

La droite AA', qui joint les foyers et se termine à la courbe, se nomme le *grand axe* de l'ellipse; la perpendiculaire BB', au milieu du grand axe, et se terminant à l'ellipse, se nomme le *petit axe*. Quand on connaît les deux axes AA' et BB' d'une ellipse, pour déterminer les deux foyers, on décrit d'une des extrémités du petit axe, avec un rayon égal à la moitié du grand axe, un arc de cercle qui coupe le grand axe en deux points FF' qui sont les foyers de l'ellipse (fig. 303).

60. Ellipse du jardinier. Voici comment le jardinier trace l'ellipse :

Il prend un cordeau, dont la longueur égale le grand axe; il en fixe les bouts aux deux points qu'il a choisis pour être les foyers de l'ellipse.

Ellipse du jardinier.
Fig. 304.

Il place ensuite une pointe à tracer dans le pli que forme le cordeau bien tendu, et il décrit l'ellipse d'un mouvement continu.

Voici quelques applications des figures curvilignes.

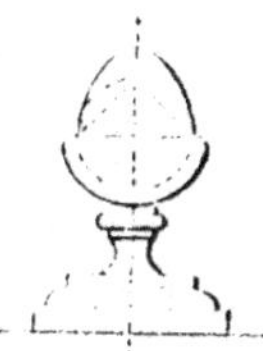

Gland pour couronnement (Ove).
Fig. 305.

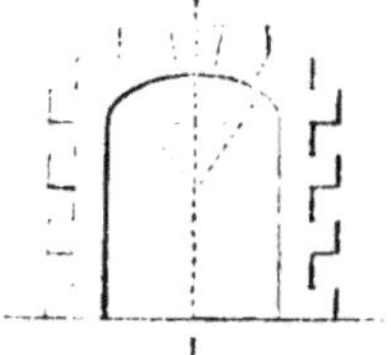

Berceau à anse le panier.
Fig. 306.

Panneaux en fer forgé (spirale).
Fig. 307.   Fig. 308.

§ XIII. Carrelage.

261. Les carrelages sont ordinairement faits par l'assemblage de polygones réguliers. Pour qu'on puisse couvrir un plan avec des polygones réguliers de même espèce, il faut que l'angle du polygone soit contenu un nombre exact de fois dans quatre angles droits. Le triangle équilatéral, le carré et l'hexagone régulier, sont les seuls polygones réguliers qui remplissent cette condition.

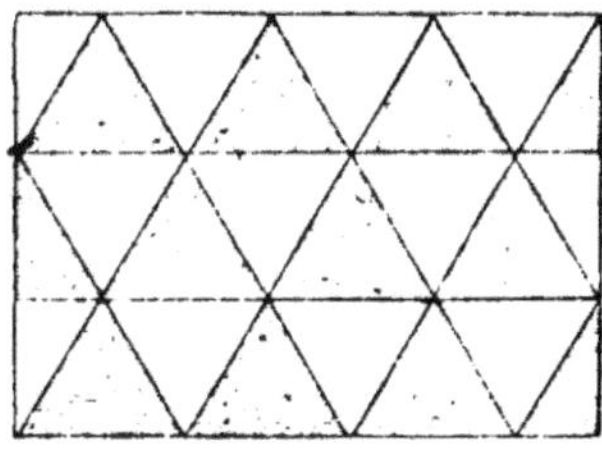

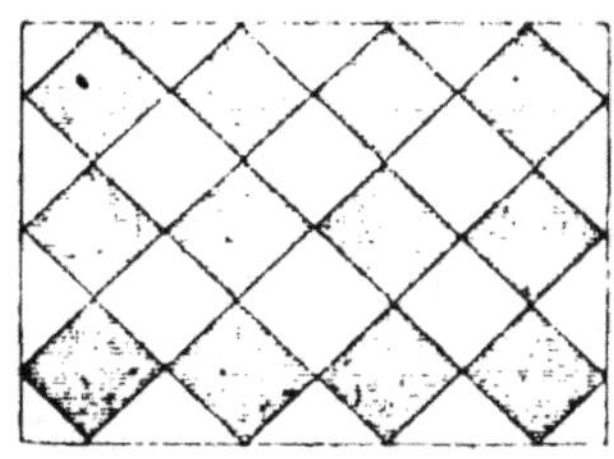

Carrelages à polygones réguliers.
Triangles.   Carrés.
Fig. 309.   Fig. 310.

L'angle du triangle équilatéral est de 60°, il est donc contenu 6 fois dans 4 droits ou 360°.

L'angle du carré est droit, il est contenu 4 fois dans 360°.

L'angle de l'hexagone régulier égale 120°, il est contenu 3 fois dans 4 droits (fig. 309, 310 et 311).

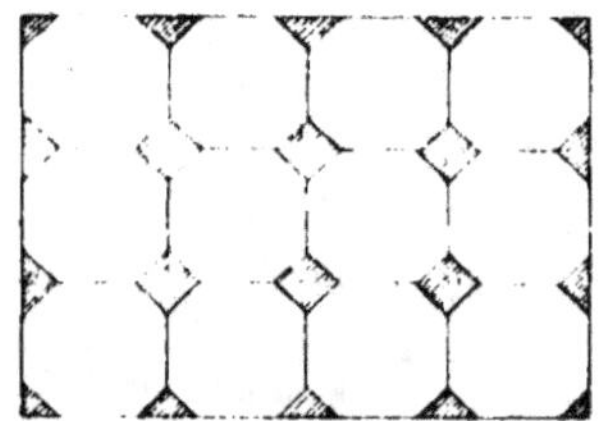

Carrelages à polygones réguliers.

Hexagones.   Octogones et carrés.
Fig. 311.   Fig. 312.

Souvent on combine les polygones réguliers entre eux. Ainsi on emploie l'octogone avec le carré, le triangle équilatéral avec le dodécagone régulier.

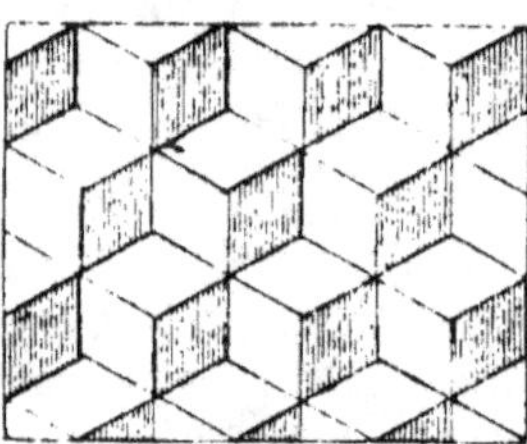

Hexagones et losanges.   Carrés et trapèzes isocèles.
Fig. 313.   Fig. 314.

On peut aussi faire des carrelages en employant des polygones non réguliers. Ainsi la figure 313 représente un carrelage fait avec des losanges ou des hexagones; la figure 314 représente un carrelage fait avec des carrés combinés avec des trapèzes isocèles.

LIVRE I

PERPENDICULAIRES. — Exercices graphiques.

1. Tracer une droite de 40 millimètres et élever une perpendiculaire au milieu de cette droite.

2. Tracer une droite de 40 millimètres, prendre un point en dehors, et abaisser de ce point une perpendiculaire sur cette droite.

3. Tracer une droite de 40 millimètres, et par un point pris à 12 millimètres de l'extrémité de droite élever une perpendiculaire sur cette ligne.

4. Tracer une droite de 35 millimètres, marquer deux points d'un même côté et en dehors de la droite, et trouver sur cette droite un troisième point équidistant des deux premiers.

5. Mener une droite de 35 millimètres, marquer deux points en dehors, l'un d'un côté, l'autre de l'autre, et trouver sur cette droite un troisième point équidistant des deux premiers.

6. Tracer une droite de 20 millimètres, et trouver, à l'aide du compas seul, deux points sur le prolongement de cette droite.

ANGLES. — Exercices graphiques.

(On construira les angles ci-dessous avec la règle et le compas.)

7. Faites un angle de 30°. Donnez 30 millimètres aux côtés.

8. Faites un angle de 45°. Donnez 35 millimètres aux côtés.

9. Faites un angle de 120°. Donnez 35 millimètres aux côtés.

10. Faites un angle de 22° $^1/_2$ avec des côtés de 35 millimètres.

11. Faites un angle de 15° avec des côtés de 35 millimètres.

12. Faites un angle de 105° avec des côtés de 35 millimètres.

13. Faites un angle de 135°. Donnez 35 millimètres aux côtés.

14. Faites un angle de 75°. Donnez 35 millimètres aux côtés.

ANGLES. — Exercices numériques.

15. Quelle est la somme de deux angles dont l'un a 78°47' e l'autre 19°26' ?

16. Dites la différence des angles suivants : 85°42' et 69°23'.

17. Faites la différence des angles de 145° et de 39°25'.

18. Dites la différence des deux angles suivants : 98°15' 47°34'.

19. Quel est le complément d'un angle de 36°40' ?

20. Quel est le complément d'un angle de 115° ?

21. Quel est le supplément d'un angle de 120°40' ?

22. Quel est l'angle dont le complément est 70°25' ?

23. Quel est l'angle qui vaut trois fois l'angle de 17°12' ?

24. Quel est l'angle qui égale 5 fois l'angle de 27°42' ?

25. Quel est l'angle qui vaut le cinquième de l'angle de 98° ?

26. Quel est le tiers d'un angle de 117°25' ?

27. D'un même côté d'une droite on a formé quatre angles ayant leurs sommets communs ; trois de ces angles ont 12°,24°15' et 39°49' ; quelle est la valeur du quatrième ?

28. Trois droites partent d'un même point ; l'un des angles qu'elles forment est de 145°, un autre de 170°40' ; quelle est la valeur du troisième ?

29. La somme de deux angles est de 79°18' ; leur différence est 10°22' ; quels sont ces deux angles ?

30. La somme de deux angles égale 88°16', leur différence est le quart de cette somme ; quels sont ces angles ?

31. Quatre fois la somme de deux angles donne 289°12' ; quels sont ces deux angles, sachant que l'un est double de l'autre ?

32. La somme de deux angles adjacents est de 157°28' ; quelle est la valeur de l'angle formé par leurs bissectrices ?

PARALLÈLES. — Exercices graphiques.

33. Tracez une droite de 40 millimètres et menez une parallèle distante de 16 millimètres.

34. Menez une droite de 40 millim., prenez un point en dehors, et menez par ce point une droite parallèle à la première.

35. Tracez une droite de 40 millimètres, marquez un point en dehors, et faites passer par ce point une droite inclinée de 60° sur la première.

36. Tracez deux parallèles longues de 40 millimètres et distantes de 20 millimètres, marquez, à vue d'œil, un point entre ces parallèles vers le milieu, et faites passer par ce point une parallèle aux deux premières et deux droites qui se croisent et inclinées sur les parallèles, l'une de 45°, l'autre de 60°.

37. Tracez deux parallèles longues de 40 millimètres et distantes de 20 millimètres, joignez de droite à gauche deux extrémités opposées des parallèles ; marquez sur cette oblique des longueurs de 8 millimètres, et par les points de division menez d'un côté des lignes inclinées de 60°, et de l'autre des lignes inclinées de 45°.

38. Tracer deux parallèles de 36 millimètres de longueur et distantes de 12 millimètres, marquer un point entre ces parallèles, et faire passer par ce point une oblique dont la partie comprise entre les parallèles ait 26 millimètres.

39. Tracer deux parallèles de 36 millimètres de longueur et distantes de 14 millimètres, marquer un point en dehors des parallèles, et mener par ce point une oblique telle que la partie comprise entre les parallèles soit de 15 millimètres.

TRIANGLES. — Exercices graphiques.

40. Construire un triangle ayant pour côtés 32, 26 et 36 millimètres.

41. Construire un triangle dont deux côtés ont 36 et 26 millimètres et l'angle compris de 45°.

42. Construire un triangle dont un côté a 36 millimètres et les angles adjacents à ce côté 45° et 60°.

43. Construire un triangle isocèle ayant pour base 26 millimètres et pour hauteur 36 millimètres.

44. Construire un triangle rectangle dont un côté de l'angle droit a 24 millimètres et l'hypoténuse 50 millimètres.

45. Construire un triangle dont deux côtés ont 28 et 37 millimètres et l'angle opposé au grand côté, 60°.

46. Construire un triangle rectangle ayant pour côtés de l'angle droit 36 et 25 millimètres.

47. Construire un triangle rectangle ayant un angle aigu de 30° et pour côté opposé 23 millimètres.

48. Construire un triangle rectangle ayant un angle aigu de 75° et une hypoténuse de 45 millimètres.

TRIANGLES. — Exercices numériques.

49. La somme de deux angles d'un triangle est 126°35'; quelle est la valeur du troisième ?

50. Un des angles d'un triangle a 72°14'; quelle est la somme des deux autres ?

51. Quelle est la valeur de chacun des angles aigus dans le triangle rectangle isocèle ?

52. L'un des angles aigus d'un triangle rectangle a 51°17'25''; quelle est la valeur de l'autre angle aigu ?

53. L'angle à la base d'un triangle isocèle est de 45°22'; quelle est la valeur de l'angle formé au sommet par la hauteur et l'un des côtés ?

54. L'angle à la base d'un triangle isocèle est de 50°; quelle est la valeur de l'angle au sommet ?

55. Quelle est la valeur de l'angle au sommet d'un triangle isocèle, l'angle à la base étant de 72°24' ?

56. L'angle au sommet d'un triangle isocèle est de 24°16'; quelle est la valeur de l'angle à la base ?

57. L'angle formé au sommet d'un triangle isocèle par la hauteur et l'un des côtés est de 27°16'; quelle est la valeur de l'angle à la base ?

58. L'un des angles d'un triangle est de 53°19'; quelle est la valeur de chacun des deux autres angles, l'un étant double de l'autre ?

59. Quelle est la valeur commune des angles d'un triangle équilatéral ?

60. L'un des angles d'un triangle est de 47°15'; quelle est la valeur de l'angle formé par les bissectrices des deux autres angles ?

61. Le périmètre d'un triangle équilatéral est de 72 centimètres; quelle est la longueur du côté ?

62. Quel est le périmètre d'un triangle isocèle dont l'un des côtés égaux est de 38 centimètres et la base de 36 centimètres ?

63. Le périmètre d'un triangle isocèle est de 84 centimetres, la base est de 30 centimètres; quelle est la longueur de l'un des côtés égaux ?

64. Quels sont les côtés d'un triangle dont le périmètre est de 3^{m}36, ses côtés étant entre eux comme les nombres 1 , 2 et 3 ?

65. Le périmètre d'un triangle est de 0^{m}78, et l'un des côtés est de 0^{m}24; quelle est la longueur de chacun des deux autres qui ont entre eux 0^{m}04 de différence ?

QUADRILATÈRES. — Exercices graphiques.

66. Construire un carré de 34 millimètres de côté.

67. Construire un rectangle dont la diagonale ait 44 millimètres et la base 34 millimètres.

68. Construire un rectangle dont les diagonales aient chacune 44 millimètres et qui se croisent sous un angle de 45°.

69. Construire un parallélogramme ayant pour diagonales 44 et 30 millimètres et qui se croisent sous un angle de 60°.

70. Construire un losange ayant un côté de 24 millimètres et une diagonale de 20 millimètres.

71. Construire un trapèze symétrique dont la grande base soit de 40 millimètres, la hauteur de 16 millimètres, et l'un des côtés non parallèles de 20 millimètres.

72. Construire un trapèze ayant pour bases 40 et 25 millimètres, les deux autres côtés étant de 15 et de 20 millimètres.

QUADRILATÈRES. — Exercices numériques.

73. Les côtés d'un carré ont chacun 18 mètres; on les a divisés respectivement en trois parties égales, puis on a joint les points de division par des lignes parallèles aux côtés du carré. Dites le périmètre de chacun des carrés obtenus.

74. Quel est le prix de 6 cadres rectangulaires de 0m60 de long sur 0m48 de large, à raison de 1 fr. 50 le mètre courant?

75. Quel est le côté d'un losange dont le périmètre égale celui d'un triangle équilatéral de 15 mètres de côté?

76. A combien revient l'une des bordures de la tapisserie d'un appartement de 8 mètres de long sur 6 mètres de large, à raison de 0 fr. 25 le mètre courant?

77. Quelle est la largeur d'un jardin rectangulaire de 80 mètres de périmètre, la longueur étant de 25 mètres?

78. La largeur d'une porte est de 1m25, le contour de 6m90; quelle est la hauteur?

79. Un rectangle a 55 mètres de périmètre, la longueur dépasse la largeur de 2m50; quelles sont ses dimensions?

80. Quelles sont les dimensions d'un rectangle dont le périmètre est de 187 mètres, la largeur étant les $3/8$ de la longueur?

LIVRE II

CIRCONFÉRENCE. — Exercices graphiques.

80. Tracer un angle de 45° avec des côtés de 40 millimètres, et le partager en quatre parties égales.

81. Tracer une circonférence de 18 millimètres de rayon, et diviser chaque quart en trois parties égales.

82. Faire passer une circonférence par deux points donnés et qui ait son centre sur une droite donnée.

83. Faire passer une circonférence par deux points donnés et qui ait son centre sur une circonférence donnée.

84. On donne une circonférence de 18 millimètres de rayon, et deux rayons faisant entre eux un angle de 60°; inscrire une circonférence dans le secteur.

85. Construire un trapèze symétrique dont la base inférieure soit de 40 millimètres, la hauteur de 15 millimètres, et la diagonale de 30 millimètres.

86. Construire un octogone régulier inscrit dans un cercle de 20 millimètres de rayon.

87. Construire un octogone régulier de 13 millimètres de côté.

88. A l'aide d'un carré de 34 millimètres de côté, construire un octogone régulier.

89. Construire un polygone régulier de 12 côtés inscrit dans un cercle de 18 millimètres de rayon.

90. Construire un triangle équilatéral de 38 millimètres de côté, et détacher vers les sommets des triangles équilatéraux de manière à obtenir un hexagone régulier.

91. Décrivez une circonférence de 14 millimètres de rayon, et d'un point de cette circonférence menez une tangente.

92. Décrivez une circonférence de 12 millimètres de rayon, et d'un point situé à 30 millimètres du centre menez deux tangentes à la circonférence.

93. Mener deux parallèles de 20 millimètres de longueur, et distantes de 25 millimètres; les raccorder par une demi-circonférence.

94. Décrire un arc de 120° avec un rayon de 14 millimètres, et le raccorder à deux droites de 20 millimètres de longueur.

95. Décrire deux circonférences avec des rayons de 13 et 7 millimètres, les centres étant distants de 35 millimètres, et mener deux tangentes communes extérieurement.

96. Décrire deux circonférences avec des rayons de 13 et 7 millimètres, les centres étant distants de 36 millimètres, et mener deux tangentes communes intérieurement.

97. Tracer un ovale sur un diamètre de 32 millimètres.

98. Tracer un ovale sur une droite de 36 millimètres.

99. Tracer une anse de panier ayant 50 millimètres de longueur et 20 millimètres de hauteur.

100. Copier à une échelle double les parquets dessinés aux pages 104 et 105.

CIRCONFÉRENCE. — Exercices numériques.

101. Une circonférence a été partagée en cinq parties égales; quelle est en degrés la valeur de chaque partie?

102. Quelle est en degrés la valeur d'un arc égal au septième de la circonférence?

103. Un arc de cercle est égal aux $^3/_8$ d'une circonférence quelle est sa valeur?

104. Quelle est la longueur de l'arc d'un degré dans une circonférence de 54 mètres?

105. La circonférence d'un cercle est de 63 millimètres; quelle est sur cette circonférence la longueur d'un arc de 225°?

106. Sur une circonférence de 180 mètres, on prend un arc de 72°15'; quelle est la longueur de cet arc?

107. Un angle inscrit intercepte sur la circonférence un arc de 142°50'; quelle est la mesure de cet angle?

108. Quelle est la valeur de l'arc de cercle intercepté par un angle inscrit de 26°12'?

109. Quelle est la valeur de l'angle au centre qui intercepte le même arc de cercle qu'un angle inscrit de 60°35'? Donnez la mesure d'un angle inscrit dont les côtés embrassent un arc égal aux $^2/_9$ de la circonférence.

110. Sur une circonférence un degré égale 1ᵐ50; quelle est la longueur de l'arc intercepté par un angle inscrit de 62°38'?

111. Les deux aiguilles d'une horloge comprennent entre elles cinq des petites divisions dù cadran ; quel angle forment-elles ?

112. Quelle est la somme des angles d'un polygone de 9 côtés?

113. Quelle est la somme des angles d'un polygone de 12 côtés?

114. Calculer la valeur de l'angle du pentagone régulier.
114. (*bis.*) Quelle est la valeur de l'angle de l'octogone régulier?

115. Calculer l'angle au centre de l'hexagone régulier.

116. Trouver l'angle au centre du décagone régulier.

117. Quel est le nombre des côtés d'un polygone dont la somme des angles égale 32 angles droits?

118. Quel est le polygone dont la somme des angles égale 8 angles droits?

119. Dites le polygone régulier dont l'angle au centre a 40°?

120. Quel est le polygone régulier dont l'angle est de 144° à ses divers sommets ?

LIVRE III

§ I. — Polygones semblables.

262. *Sur une droite donnée DF, construire un triangle semblable à un triangle donné ABC.*

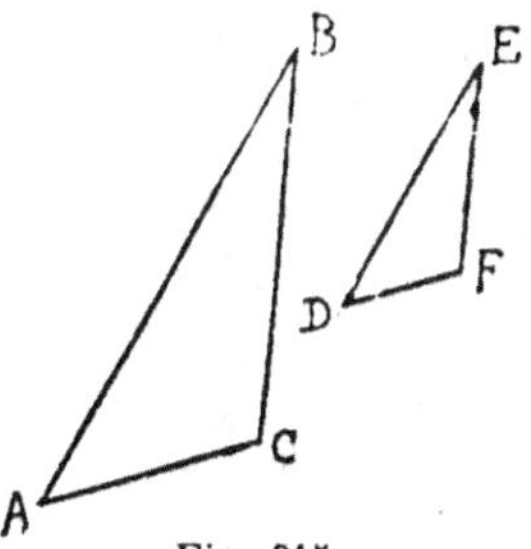
Fig. 315.

Au point D on fait un angle égal à l'angle A, et au point F un angle égal à l'angle C.

Le triangle obtenu DEF et le triangle donné ABC sont semblables comme ayant des angles respectivement égaux.

188. *Construire sur une droite donnée AE un polygone semblable à un polygone donné P'.*

Soit, dans le polygone donné, P' le côté A'E' homologue de la ligne donnée AE, côté du nouveau polygone. Menons les diagonales A'D' et A'C'. Faisons au point E un angle E = E', et au point A un angle s = s'.

Le triangle obtenu AED et le triangle A'E'D' sont semblables comme ayant les trois angles égaux. Sur AD, homologue de A'D', faisons les angles o et t respectivement égaux aux angles o' et t'. Le triangle ADC sera semblable au triangle A'D'C' (n° 94). Sur AC faisons les angles m et n égaux aux angles m' et n', le triangle ACB est encore semblable au triangle A'C'B'.

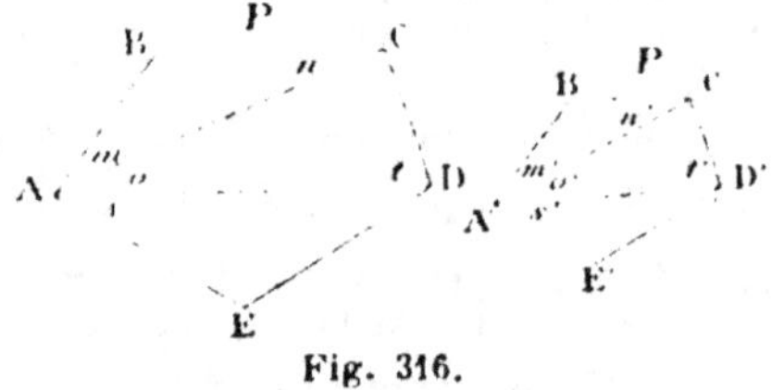

Fig. 316.

Les polygones P et P' sont semblables, car ils sont formés d'un même nombre de triangles semblables et semblablement placés (n° 99).

263. Autre procédé. *Construire un polygone R' semblable à un polygone donné R.*

On prend un point quelconque O, et l'on joint ce point à tous les sommets du polygone par les lignes OA, OB, OC... Par un point a choisi à volonté sur AO, on mène successivement ae parallèle à AE, et ed parallèle à ED, dc parallèle à DC, etc. Le polygone obtenu R' est semblable au polygone donné R.

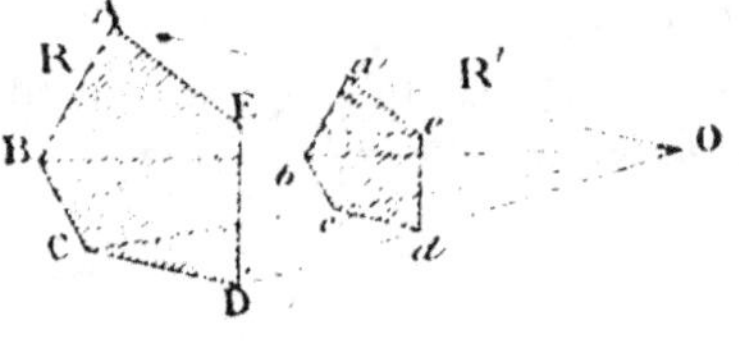

Fig. 317.

264. *Construisez un polygone régulier dont on connaît le côté, par exemple un octogone.*

Décrivez une circonférence avec un rayon quelconque oa. Divisez cette circonférence en huit parties égales. Soit ab une division, menez les rayons bo et ao. Prolongez ab et prenez bA égal au côté donné. Menez AO' parallèle à ao. Ensuite avec AO' pour rayon et du point O comme centre décrivez une circonférence sur laquelle la corde Ab sera contenue huit fois sur la circonférence.

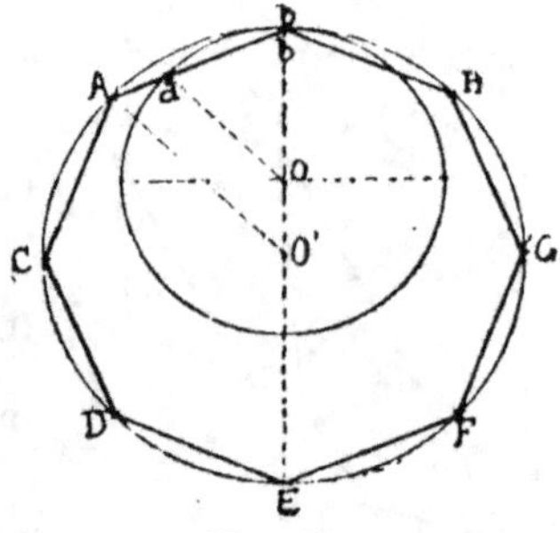

Fig. 318.

265. Pour réduire les dimensions d'un dessin au tiers, au quart..., on peut employer le *compas de réduction,* ou bien la *méthode des carrés.*

266. Compas de réduction. Le compas de réduction se compose de deux branches égales terminées en pointe à chacune de leurs extrémités, et pouvant tourner autour d'un axe commun O.

Compas de réduction.

Fig. 319.

L'axe peut glisser dans les coulisses que portent les branches du compas, de manière que les longueurs AO et OB soient dans un rapport donné. Pour guider dans cette opération, des divisions sont marquées sur le bord de l'une des coulisses.

Si AO est le tiers de OB, on voit que la distance AC sera aussi le tiers de BD, à cause des triangles semblables AOC et DOB.

Donc, pour réduire, par exemple, un dessin au tiers, on prend la longueur de chaque droite à l'aide des branches OB et OD; l'écartement de AC fait connaître la dimension correspondante.

267. Méthode des carrés. Pour réduire un dessin par la méthode des carrés, on trace des carrés sur le plan à réduire. On trace ensuite des carrés plus petits sur la feuille où l'on doit obtenir la réduction.

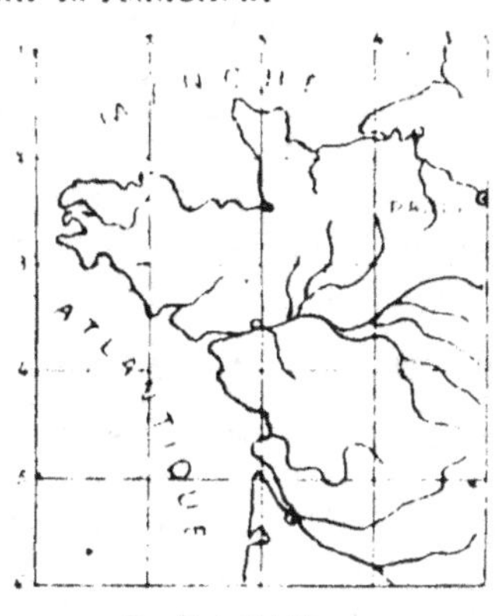

Dessin à réduire.   Réduction aux $\frac{2}{3}$.

Fig. 320.

Ensuite on dessine dans chaque carré de la feuille une figure analogue à celle qui lui correspond dans le dessin à réduire.

POLYGONES SEMBLABLES. — Exercices graphiques.

121. Faites un triangle qui ait pour base 32 millimètres, et pour côtés 28 et 34 millimètres; puis faites un triangle semblable qui ait 22 millimètres de base.

122. Faites un triangle ayant pour côtés 30, 26 et 24 millimètres, et dans l'intérieur faites un triangle semblable dont les côtés soient à 5 millimètres de ceux du premier.

123. Faites un triangle ayant pour côtés 30, 24 et 26 millimètres, puis construisez un triangle semblable ayant un périmètre de 60 millimètres.

124. Construisez un polygone quelconque de cinq côtés dont le premier côté ait 18 millimètres, et faites un polygone semblable dont le premier côté ait 15 millimètres.

125. Tracez une circonférence de 10 millimètres de rayon, puis une deuxième circonférence d'une longueur égale à une fois et demie celle de la première.

POLYGONES SEMBLABLES. — Exercices numériques.

126. Un triangle a pour côtés 9, 12 et 15 mètres; quels sont les côtés d'un triangle semblable ayant 72 mètres de périmètre?

127. Un rectangle a 15 mètres de base et 9 mètres de hauteur; calculez la base et la hauteur d'un rectangle semblable dont le périmètre est de 148 mètres.

128. Les côtés d'un quadrilatère ont 40, 20, 25 et 30 mètres, et la diagonale 35 mètres; calculez les côtés et la diagonale d'un quadrilatère semblable ayant 264^{m}50 de périmètre.

CIRCONFÉRENCE. — Exercices numériques.

129. Quelle est la longueur d'une circonférence de 26 mètres de diamètre?

130. Calculez la longueur d'une circonférence de 12 mètres de rayon.

131. Quel est le diamètre d'une circonférence de 37^{m}70?

132. Quel est le rayon d'un cercle de 56^{m}5488 de circonférence?

133. Quelle est la longueur de la demi-circonférence décrite avec un rayon de 1 mètre?

134. Quelle est la longueur d'un arc de 36° sur une circonférence de 7 mètres de rayon?

135. Quelle est la longueur d'un arc de 72° sur une circonférence de 17^{m}50 de rayon?

136. On demande le nombre de degrés d'un arc de 15^{m}708 de longueur sur une circonférence de 12 mètres de rayon.

137. On demande le rayon d'une circonférence sur laquelle un arc de 45° a une longueur de 14^{m}1372.

138. Trouver la longueur d'un arc décrit avec un rayon de 12^{m}40, si l'angle au centre qui lui correspond a 58°25'.

139. Quelle est la longueur du rayon du cercle auquel appartient un arc de 36°15' et dont la longueur est de 4^{m}20?

140. Quelle est la différence de longueur de deux circonférences dont les rayons sont 0m40 et 0m45?

141. Les roues d'un chariot ont une circonférence de 8^{m}168; à quelle hauteur du sol se trouve l'essieu de ces roues?

142. Quelle longueur de bande de fer a-t-on employée pour cercler les quatre roues d'une voiture, le diamètre étant de 1^{m}20 pour les roues de devant, et 1^{m}60 pour celles de derrière?

143. Combien la grande roue d'un vélocipède fait-elle de tours dans le parcours de 4 kilomètres, son rayon étant de 1 mètre?

144. La grande aiguille d'une horloge a une longueur de 0^{m}32; quel chemin parcourt son extrémité en 24 heures?

145. Quelle est la longueur de la circonférence d'une pièce de 5 francs, sachant qu'elle a 37 millimètres de diamètre?

146. Le diamètre des deux grandes roues d'une locomotive est de 1^{m}75, les quatre autres roues ont un diamètre de 1^{m}10; combien de tours fait chacune de ces roues sur un trajet de 132 kilomètres?

147. Avec deux rayons de 0^{m}45 et 0^{m}25, on a décrit deux arcs de même longueur. Le premier a 20°30'; quelle est en degrés la valeur du second?

148. Deux arcs de 22° et de 35° appartiennent à la même circonférence; le plus grand a 2^{m}70 de longueur; trouver la dimension du second et la longueur du rayon du cercle.

149. Chercher le nombre de degrés et de minutes d'un arc égal en longueur à son rayon.

150. Un cercle en fer de 1^{m}40 de diamètre a servi à cercler une caisse carrée; trouver la longueur du côté de cette caisse.

LIVRE IV

§ 1. — Applications des propriétés du triangle rectangle.

268. *Construisez un carré égal à la somme des deux carrés* M *et* N.

Faites un angle droit A, et portez sur les côtés de cet angle AB égal au côté du carré M, et AD égal au côté du carré N, et tracez BD. Le carré S, construit sur l'hypoténuse BD, est égal à la somme des carrés M et N.

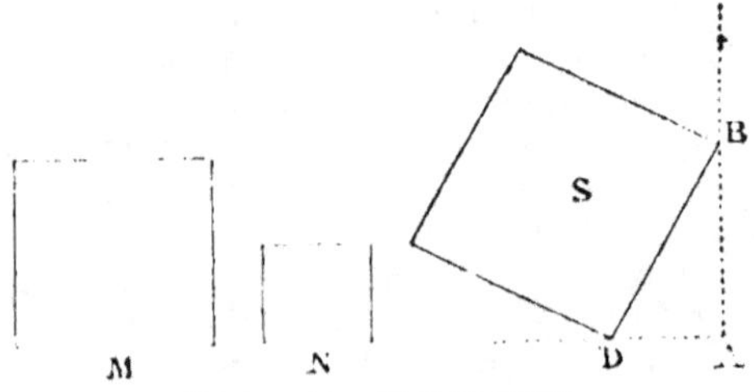
Carré, somme de deux autres.
Fig. 321.

En effet, le carré construit sur l'hypoténuse d'un triangle rectangle égale la somme des carrés construits sur les deux autres côtés.

269. *Construire un carré double d'un carré donné.*

Il suffit de construire un carré EFGH qui ait pour côtés la diagonale du carré donné ABCD.

En effet, le triangle rectangle ABC donne $\overline{AC}^2 = \overline{AB}^2 + \overline{BC}^2$; mais $\overline{AB}^2 = ABCD$, et $\overline{BC}^2 = ABCD$. D'où $\overline{AC}^2$ ou $EFGH = ABCD + ABCD =$
$=$ deux fois ABCD.

D'ailleurs on voit sur la figure que EFGH se décompose en huit triangles égaux à AED, et que ABCD ne contient que quatre de ces triangles.

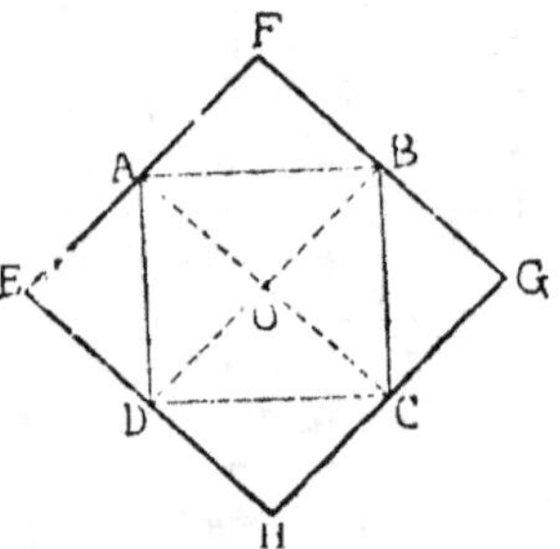
Carré double d'un autre.
Fig. 322.

270. *Construire un carré égal à la différence de deux carrés donnés M et N.*

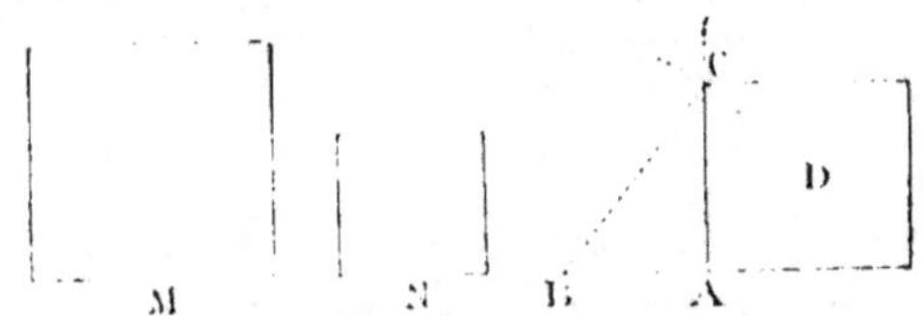
Carré, différence de deux autres.
Fig. 323.

Faites un angle droit A, et prenez AB égal au côté du petit carré ; ensuite, du point B avec un rayon égal au côté du grand carré, coupez au point C l'autre côté de l'angle droit. Le carré D construit sur AC est égal à la différence des carrés donnés M et N.

En effet, le carré construit sur l'un des côtés de l'angle droit égale le carré construit sur l'hypoténuse, moins le carré construit sur l'autre côté.

271. *Construire un carré qui soit la moitié d'un carré donné* (fig. 324).

Prenez la longueur du côté du carré donné comme diamètre AB, et décrivez une demi-circonférence; élevez ensuite une perpendiculaire au milieu du diamètre, et menez les droites AC et BC. Le carré construit sur l'une de ces lignes sera égal à la moitié du carré donné.

En effet, la somme des carrés construits sur AC et BC, côtés d'un angle droit, égale le carré de l'hypoténuse AB, et comme AC = BC, chacun de ces carrés vaut la moitié du carré donné.

Carré, moitié d'un autre.

Fig. 324.   Fig. 325.

272. Autre procédé. Pour construire un carré moitié d'un autre, on peut encore construire un carré qui ait pour diagonale le côté du carré donné; c'est à quoi l'on arrive en traçant les diagonales AC, BD. et leur menant ensuite par les points C et D les parallèles CF et DE, car on a $\overline{CE}^2 + \overline{ED}^2$, ou deux fois ECFD = ABCD (fig. 325). D'où ECFD égale la moitié de ABCD; d'ailleurs on reconnaît à l'inspection de la figure que le carré ABCD se décompose en quatre triangles égaux, et que le carré DECF en contient seulement deux.

273. *Construire un carré équivalent à un rectangle donné.*

Cherchez une moyenne proportionnelle AB entre la base CB et la hauteur BD du rectangle, et construisez un carré sur AB qui sera équivalent en surface au rectangle CBDE.

On a, en effet, $$\frac{CB}{AB} = \frac{AB}{BD}$$

d'où $$\overline{AB}^2 = CB \times BD.$$

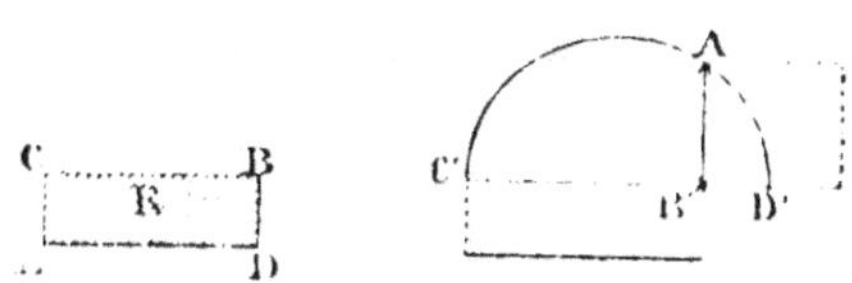

Carré équivalent à un rectangle.

Fig. 326.

274. *Construire un carré équivalent à une figure quelconque.*

Quelle que soit la figure donnée, le côté du carré est toujours une moyenne proportionnelle entre les deux lignes dont le produit donne l'aire de la figure :

Pour un parallélogramme, entre la base et la hauteur;

Pour un triangle, entre la base et la demi-hauteur;
Pour un trapèze, entre la hauteur et la demi-somme des bases;
Pour un polygone régulier, entre l'apothème et le demi-périmètre;
Pour un cercle, entre le rayon et la demi-circonférence.

275. *Construisez un cercle équivalent en surface à une couronne donnée.*

Menez à volonté le rayon AB, et par le point B la tangente CD; puis du point B comme centre, avec BC pour rayon, décrivez un cercle dont la surface sera équivalente à la couronne donnée.

En effet, joignez AC; le triangle rectangle ABC donne :

$$\overline{AC}^2 - \overline{AB}^2 = \overline{BC}^2$$

ou bien en multipliant par π :

$$\pi\overline{AC}^2 - \pi\overline{AB}^2 = \pi\overline{BC}^2$$

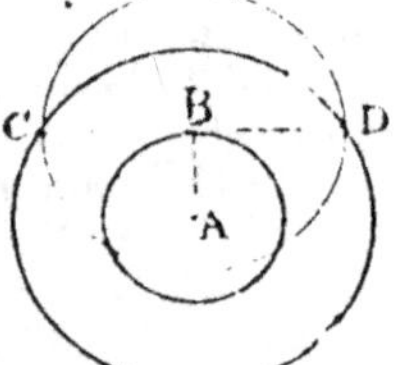

Cercle équivalent
à une couronne.

Fig. 327.

Or le premier membre est la surface de la couronne, et le second membre la surface du cercle obtenu.

276. *Élevez une perpendiculaire à l'extrémité d'une ligne par la propriété du triangle rectangle.*

Portez sur la ligne AB cinq parties égales; du point A et avec une ouverture de compas égale à trois divisions AE, décrivez un arc en C; de la quatrième division D, et avec un rayon AB égal à cinq divisions, décrivez un autre arc qui coupe le premier; menez AC, elle sera la perpendiculaire demandée.

En effet, AC ayant trois parties, son carré est 9, celui de AD est 16, et leur somme 25; mais le carré de CD est aussi 25; donc l'angle A est droit, et la ligne AC est perpendiculaire.

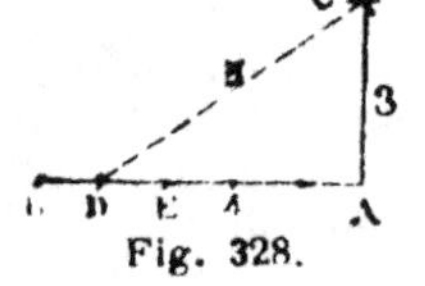

Fig. 328.

§ II. — Transformation des figures.

277. *Transformer un parallélogramme ABCD en un rectangle.*
Prolongez CD, et menez les droites AE et BF perpendiculaires à AB (fig. 329).
Le rectangle ABFE est équivalent au parallélogramme ABCD

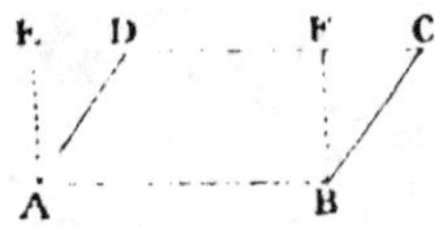

Figures équivalentes.

Parallélogramme en rectangle.   Trapèze en parallélogramme.
Fig. 329.   Fig. 330.

278. *Transformer un trapèze en un parallélogramme, ou en un rectangle, ou en un triangle équivalent.*

1° Pour transformer le trapèze ABCD (fig. 330) en un parallélogramme équivalent, prolongez le côté DC, et par le point E, milieu de CB, menez HF parallèle à DA.

Le parallélogramme AHFD est équivalent au trapèze, car le triangle EHB du trapèze est remplacé par le triangle égal ECF.

2º Pour avoir un rectangle équivalent au trapèze ABCD (fig. 331), prolongez la petite base DC; puis, par les points M et N, milieux des côtés non parallèles, menez les droites HE et IF perpendiculaires aux bases.

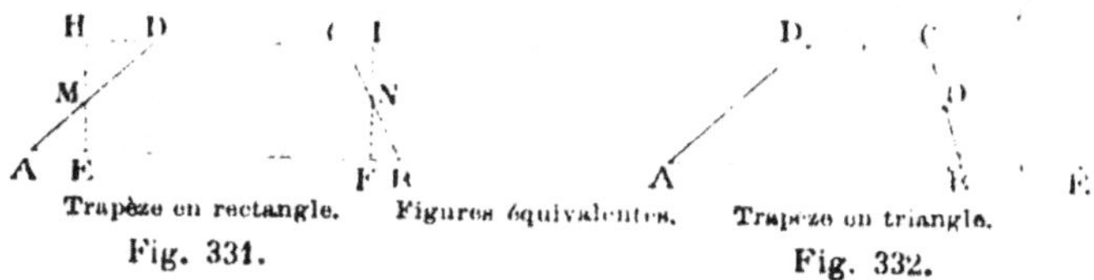

<table>
<tr><td>Trapèze en rectangle.</td><td>Figures équivalentes.</td><td>Trapèze en triangle.</td></tr>
<tr><td>Fig. 331.</td><td></td><td>Fig. 332.</td></tr>
</table>

Le rectangle EFIH est équivalent au trapèze ABCD, car les triangles AME et NFB du trapèze sont remplacés par les triangles égaux HMD, INC.

3º Pour transformer le trapèze ABCD (fig. 332) en un triangle équivalent, prolongez la grande base AB d'une longueur BE égale à la petite base DC.

Le triangle ADE est équivalent au trapèze, car le triangle DOC du trapèze a été remplacé par le triangle égal OBE.

279. *Transformer un triangle quelconque :*
1º En un triangle isocèle ;
2º En un triangle rectangle.

1º Pour transformer le triangle ABC (fig. 333) en un triangle isocèle équivalent, menez par le milieu de AB la perpendiculaire DM, et par le point C la droite CD parallèle à AB. Le triangle isocèle ADB est équivalent au triangle donné ABC, car ces deux triangles ont même base et même hauteur.

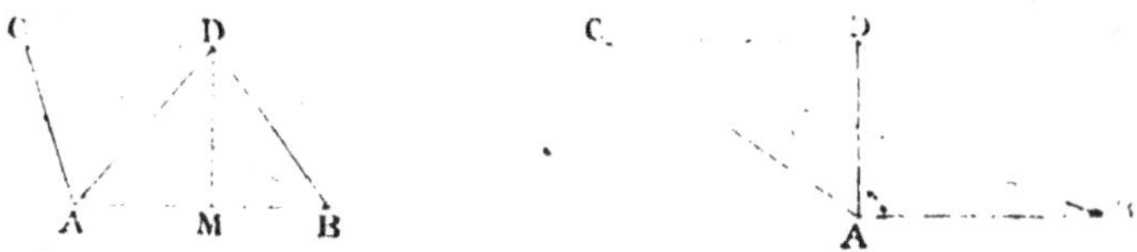

<table>
<tr><td></td><td>Figures équivalentes.</td><td></td></tr>
<tr><td>Triangle quelconque en triangle isocèle.</td><td></td><td>Triangle quelconque en triangle rectangle.</td></tr>
<tr><td>Fig. 333.</td><td></td><td>Fig. 334.</td></tr>
</table>

2º Pour obtenir un triangle rectangle équivalent au triangle ABC (fig. 334), menez AD perpendiculaire à AB, puis CD parallèle à AB.

Le triangle rectangle ABD est équivalent au triangle donné ABC, car ces deux triangles ont même base et même hauteur.

Remarque. En déplaçant le sommet et le maintenant sur la ligne CD ou sur son prolongement, on obtiendrait d'autres triangles équivalents au triangle ABC.

280. *Transformer un polygone* BACEF *(fig. 335) en un autre polygone ayant un côté de moins.*

Menez la diagonale BC, et par le point A menez une parallèle à BC; ensuite prolongez EC, et joignez le point B au point D.

Le polygone BDEF a un côté de moins que le polygone BACEF, et il lui est équivalent. En effet, ces deux polygones ont une partie commune BCEF; de plus, le triangle ABC est remplacé par le triangle équivalent BDC, qui a même base BC et même hauteur (n° 279).

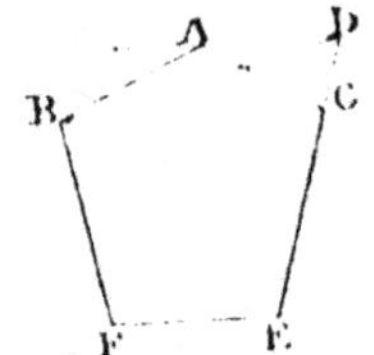

Diminuant d'un côté le polygone.

Fig. 335.

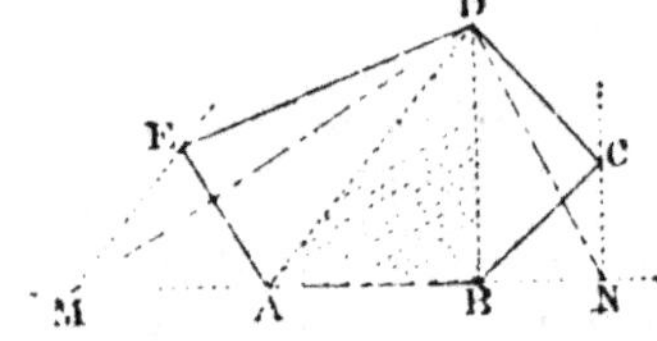

Figures équivalentes.

Polygone en triangle.

Fig 336.

281. *Transformer un polygone* ABCDE *(fig. 336) en un triangle équivalent.*

On opère comme au problème précédent pour amener chaque fois le polygone à avoir un côté de moins, jusqu'à ce qu'il soit transformé en un triangle.

On mène AD, puis ME parallèle, et on prolonge AB jusqu'en M.

On mène BD, puis NC parallèle, et on prolonge AB jusqu'en N. Le triangle MDN est équivalent au polygone ABCDE (fig. 336). En effet, il y a une partie commune ABD, et les deux triangles ADE et BCD sont remplacés par les triangles équivalents ADM et BDN.

RECTANGLE, CARRÉ, LOSANGE. — Exercices numériques.

151. Quelle est la surface d'un rectangle de 12 mètres de base et 8ᵐ20 de hauteur ?

152. Évaluez la surface d'un parallélogramme de 48 mètres de base et 13 mètres de hauteur ?

153. Un rectangle a une surface de 336 mètres carrés, sa base est de 28 mètres; quelle en est la hauteur ?

154. La surface d'un parallélogramme est de 562 mèt. carrés 48, sa hauteur est de 15ᵐ80; quelle en est la base ?

155. Quelle est la surface d'une toile de 76^m de long sur 0^m90 de largeur ?

156. Un plafond rectangulaire présente une surface de 17^m 4250 ; sa largeur étant de 4^m 25, quelle est sa longueur ?

157. Quelle est la surface d'une cour carrée de 24^m 70 de côté ?

158. Quel est en centimètres le côté d'un panneau carré de 30 décimèt. carrés 25 de surface ?

159. Quelle est la longueur du côté d'un champ carré, qui a une superficie de 11 hectares 8 ares et 89 centiares ?

160. Quel est le côté du carré équivalent en surface à un rectangle de 27^m de base et 12^m de hauteur ?

161. Quelle est la surface d'un carré dont le périmètre est de 328 mètres ?

162. Un propriétaire a échangé un champ de forme rectangulaire de 128 mètres de long et de 98 de large, contre un autre champ de forme carrée et ayant un périmètre égal à celui du premier. A-t-il gagné ou perdu au change en surface, et combien ?

163. A combien reviennent trois tableaux noirs de 2^m 25 de long et 1^m 50 de large, sachant qu'on a payé 6 fr. 50 le mèt. carré pour la menuiserie, et 1 fr. 50 le mèt. carré pour la peinture ?

164. Combien faut-il de carreaux de 0^m 15 de largeur sur 0^m 25 de longueur pour carreler une salle de 12 mètres sur 10^m 75 ?

165. Combien faut-il de pavés carrés de 0^m 15 de côté pour le pavage d'une rue de 250 mètres de longueur et 9 mètres de largeur ?

166. Pour carreler une cour de 12 mètres de long sur 8 de large ; combien a-t-on employé de dalles carrées de 0^m 40 de côté ? Combien en aurait-il fallu si elles avaient eu seulement 0^m 30 de côté ?

167. On a fait peindre un appartement ayant 8^m 60 de longueur, 5^m 40 de largeur et 4^m 10 de hauteur, à raison de 0 fr. 20 le mèt. carré pour les murs, et 0 fr. 40 pour le plafond. Combien a-t-on payé ?

168. Quelle somme a dû payer une compagnie de chemin de fer pour l'achat de terrains occupés par une voie de 38 kilomèt. de longueur, sur 9 mètres de largeur, à raison de 3750 fr. l'hectare ?

169. Pour relier 200 volumes de 0^m 20 de long sur 0^m 13 de large, on emploie des feuilles de carton de 1^m 30 de longueur sur 0^m 80 de largeur. Combien faudra-t-il de ces feuilles ?

170. Quelle est la surface d'un rectangle qui a un périmètre de 192 mètres, la longueur étant double de la largeur ?

171. Que devient un rectangle : 1° lorsqu'on double sa base;
—   —   2° lorsqu'on triple sa hauteur;
—   —   3° lorsqu'on double à la fois
ses deux dimensions ?

172. Quelle est la surface d'un carré dont la diagonale est de
62 mètres ?

173. Un rectangle a une diagonale de 15 mètres et une base
de 12 mètres ; quelle en est la surface ?

174. La base d'un rectangle est double de sa hauteur. Déterminez sa surface, sachant que la diagonale est de 40 mètres.

175. Un terrain a 43ᵐ 25 de longueur sur 18ᵐ 50 de largeur;
sa surface doit être augmentée de 108 mèt. carrés 125, pris sur
un terrain adjacent à la longueur. Quelle sera l'augmentation
sur la largeur ?

176. La cour de récréation d'une école est un rectangle de
51 mètres de long sur 29 de large. Les quatre côtés sont bitumés
sur une largeur de 1ᵐ 25. On fait étendre sur le reste de la cour
une couche de sable de 2 centimètres d'épaisseur. Quelle sera la
dépense pour le sable à raison de 0 fr. 25 le mètre carré?

177. Quelle est la surface d'un losange dont les diagonales ont
10 mètres et 8 mètres ?

178. Une cour a la forme d'un losange dont les diagonales
ont 15ᵐ 60 et 12ᵐ 60. On demande sa surface et la longueur totale des murs qui forment la clôture.

179. Un losange a une surface de 46 mèt. carrés 2280 ; quelle
est la longueur de la petite diagonale, si la grande égale 36ᵐ 40?

TRIANGLE. — Exercices numériques.

180. Quelle est la surface d'un triangle de 65ᵐ 40 de base et
de 29ᵐ 70 de hauteur?

181. La base d'un triangle égale 2 fois la hauteur, qui est de
56 mètres ; quelle est la surface de ce triangle?

182. Quelle est la hauteur d'un triangle dont la base est de
82 mètres, et la surface de 1476 mèt. carrés?

183. La surface d'un triangle est de 135 mèt. carrés, la hauteur de 18 mètres ; quelle est la base de ce triangle ?

184. Quelle est la surface d'un triangle rectangle dont les côtés
de l'angle droit ont 22ᵐ 40 et 14ᵐ 90 ?

185. Une surface triangulaire a été peinte pour une somme
de 24 fr. 30. On demande le prix du mètre carré de peinture,
sachant que les dimensions du triangle sont 4ᵐ 80 pour la hauteur et 7ᵐ 50 pour la base.

186. Quelle est la surface d'un triangle rectangle isocèle dont
les côtés égaux ont pour somme 12ᵐ 84?

187. Déterminez la base d'un triangle qui a 63 mèt. carrés de surface, et dont la hauteur est triple de la base.

188. La surface d'un triangle égale la moitié de celle d'un carré de 24ᵐ 30 de côté; quelle est la hauteur de ce triangle, si sa base est de 12ᵐ 60?

189. Quelle est la base d'un triangle isocèle de 15 mètres de hauteur, et qui est équivalent en surface à un triangle rectangle isocèle dont l'un des côtés égaux est de 21 mètres?

190. Une prairie de forme triangulaire ayant 48ᵐ 30 de base sur 27ᵐ 80 de hauteur est donnée en échange d'une parcelle à prendre dans une terre rectangulaire de 60ᵐ de longueur. Quelle sera la largeur de la parcelle?

TRAPÈZE. — Exercices numériques.

191. Quelle est la surface d'un trapèze qui a 20 mètres de hauteur, et dont les bases ont 68ᵐ 50 et 42ᵐ 60?

192. Un jardin a la forme d'un trapèze; ses bases ont 48 mètres et 30 mètres; sa hauteur a 25 mètres. Dans l'intérieur est un bassin carré de 7 mètres de côté. Les allées occupent une surface de 60 mèt. carrés. Quelle est la surface à cultiver?

193. La somme des deux bases d'un trapèze est de 55 mètres; le rapport de ces bases est $\frac{5}{6}$; la surface est de 308 mèt. carrés. Déterminez la hauteur et les bases de ce trapèze.

194. Quelles sont les bases et la hauteur d'un trapèze de 38 ares de superficie, la somme des bases étant de 190 mètres et leur différence de 10 mètres?

195. Une prairie a la forme d'un trapèze dont les deux bases ont 545 mètres et 444 mètres, et la hauteur 136 mètres. Trouver sa surface en hectares.

196. Une maison rectangulaire a 60 mètres de long sur 16 mètres de large. Son toit est formé de deux trapèzes et de deux triangles. La longueur du faîte est de 50 mètres, et la hauteur des trapèzes et des triangles est de 8 mètres. Quelle est la surface du toit, et combien faut-il d'ardoises pour le couvrir, si chaque ardoise couvre 2 décimèt. carrés?

CERCLE. — Exercices numériques.

197. Quelle est la surface d'un cercle de 8 mètres de rayon?

198. Quel est le rayon d'un cercle qui a une surface de 10 mèt. carrés 1786?

199. Quelle est la surface d'un cercle de 11ᵐ 93 de circonférence?

200. Quel est le rayon d'un cercle de 1 mètre carré de surface?

201. Quel est le rayon du demi-cercle qui a une surface de 0^m 98175 ?

202. Une porte est formée d'une partie rectangulaire surmontée d'un cintre; la largeur est de 1^m 60, et la hauteur totale de 3 mètres. Quelle est la surface ?

203. A combien s'élève le prix de 8 rondelles de zinc de 0^m 15 de rayon, à raison de 6 fr. 50 le mètre carré ?

204. Dans un jardin de forme carrée de 48^m 60 de côté, on veut construire un bassin circulaire qui occupe le quinzième de la surface. Quel sera le diamètre du bassin ?

205. Quelle est la surface d'une couronne qui a pour rayons 12 mètres et 16 mètres ?

206. Les quatre roues d'une voiture ont, celles de devant 0^m 75 de diamètre et celles de derrière 1^m 15. Combien les premières auront-elles fait de tours de plus que les dernières dans un parcours de 4 kilomètres ?

207. Une voiture à deux roues, attelée d'un cheval, a fait en 20 minutes 3769^m 92. Quel est le diamètre de l'une des roues, si chacune a fait 800 tours, et combien le cheval a-t-il parcouru de mètres en une heure ?

208. Un menuisier a fait une porte cintrée à raison de 12 fr. 50 le met. carré. A combien s'élèvera son mémoire si la porte a une hauteur totale de 3^m 25 et 1^m 60 de large ?

209. Calculez la surface d'un secteur dont l'arc a 2^m 25 dans un cercle de 6^m 80 de diamètre.

210. Quelle est la longueur de l'arc d'un secteur dont la surface est de 16 mèt. carrés 06 dans un cercle de 3^m 70 de rayon ?

211. Quel est le rayon du cercle dans lequel un secteur de 6 mèt. carrés 95 a un arc de 4^m 86 de longueur ?

212. Un cercle a 8^m 50 de diamètre; quelle est en mètres la longueur de l'arc du secteur qui, dans ce cercle, aurait une surface de 11 mèt. carrés 628 ?

213. Quelle est la surface du secteur de 72° dans un cercle de 6 mèt. de diamètre ?

214. Dans un cercle de 0^m 20 de côté on inscrit un cercle. Calculer la différence des surfaces du carré et du cercle.

215. Dans un cercle de 2 mètres de rayon, quel est l'angle du secteur qui a une surface de 1 mèt. carré 5708 ?

216. Le rayon intérieur d'une couronne est 4^m 25; le rayon extérieur surpasse celui-ci de 2^m 10. Quelle est la surface de cette couronne ?

217. Le diamètre d'un puits a 1^m 40, sa bordure a une largeur de 0^m 45; on recouvre cette bordure avec du zinc. Quelle sera la dépense si l'on paye 6 fr. 50 le mèt. carré ?

218. Un secteur de cercle a une surface de 180 mèt. carrés ; son angle est de 60°. Quel est son rayon ?

219. Quelle est la surface du cercle inscrit dans un carré de 0ᵐ60 de côté ?

220. Quelle longueur faut-il donner à la bordure d'un bassin circulaire de 12 mètres de rayon, pour qu'elle ait la même surface que le bassin ?

221. Une couronne circulaire a une surface de 197 mèt. carrés 9208 ; son petit rayon est de 9 mètres. Calculez le grand rayon.

222. Sur une table on a disposé en carré et tangentiellement 400 pièces de 5 fr. dont le diamètre est de 37 millimètres. Quelle est la surface de la partie du carré qui n'est pas recouverte par les pièces ?

223. Quelle est la surface du cercle circonscrit à un carré de 0ᵐ60 de côté ?

224. Un cercle a 3 mètres de rayon. Par un point, pris dans le plan du cercle, à 6 mètres du centre, on mène les deux tangentes. Calculer : 1° à 1 centimètre près, la longueur de la droite qui joint les points de tangence ; 2° à 1 centimètre carré près la surface comprise entre l'arc et les deux tangentes.

TRIANGLE RECTANGLE. — Exercices graphiques.

225. Construire un carré de 12 millimètres de côté, puis déterminer les côtés des carrés de surface double, triple, etc.

226. Construire un carré qui soit la somme de trois carrés, ayant pour côtés 12, 15 et 18 millimètres.

227. Construire un carré équivalent à un rectangle de 30 millimètres de base et de 12 millimètres de hauteur.

228. Construire un carré équivalent à un triangle ayant 32 millimètres de base et 12 millimètres de hauteur.

229. Construire un carré équivalent à un hexagone régulier de 9 millimètres de côté.

TRIANGLE RECTANGLE. — Exercices numériques.

230. L'hypoténuse d'un triangle rectangle a 26 mètres, l'un des côtés de l'angle droit a 10 mètres. Quel est l'autre côté ?

231. Quelle est l'hypoténuse d'un triangle rectangle isocèle dont les côtés égaux ont chacun 12 mètres ?

232. Un triangle isocèle a une base de 9 mètres, et les côtés égaux ont chacun 7ᵐ50. Quelle est la hauteur de ce triangle ?

233. Dites la hauteur d'un triangle équilatéral de 8 mèt. de côté ?

234. Calculez la longueur d'une échelle qui, appuyée sur un mur, atteint la hauteur de 4ᵐ80, et dont le pied est à 3ᵐ60 de ce mur.

235. Avec une échelle de 6 mètres, on veut atteindre à une croisée située à 5ᵐ60 au-dessus du sol. A quelle distance du pied du mur faut-il placer le pied de l'échelle ?

236. L'hypoténuse d'un triangle rectangle a 18 mèt. ; l'un des côtés de l'angle droit a 12 mèt. Calculez la surface de ce triangle ?

237. L'hypoténuse d'un triangle rectangle isocèle est de 14 mèt. Quelle est la surface de ce triangle ?

238. Le pied d'une échelle de 8 mètres est placé à 3ᵐ20 d'un mur ; à quelle hauteur atteint l'échelle ?

239. Quelle est la diagonale d'un carré de 8 mètres de côté ?

240. Quel est le côté d'un losange dont les diagonales ont 6 mètres et 8 mètres ?

241. Quelle est la diagonale d'un rectangle de 14 mètres de base et 8 mètres de hauteur ?

242. La diagonale d'un rectangle a 20 mètres, la base a 16 mètres. Quelle en est la hauteur ?

243. Quelle est la surface d'un triangle équilatéral de 15 mèt. de côté ?

244. Quel est l'apothème de l'hexagone régulier qui a 0ᵐ60 de côté ?

245. Dans un cercle de 3ᵐ60 de rayon, calculer la distance de deux cordes parallèles, dont l'une a 3 mètres et l'autre 2 mèt.

246. Quel est le rayon d'un cercle dans lequel, à une corde de 4 mètres, correspond une flèche de 1ᵐ20 ?

247. Dans un cercle de 3ᵐ60 de rayon, quelle est la corde qui correspond à une flèche de 0ᵐ90 ?

248. Dans un cercle de 2ᵐ85 de rayon, on donne un point distant du centre de 4ᵐ75. Trouver la longueur de la tangente menée de ce point à la circonférence.

249. La base d'un triangle a 5ᵐ32, la hauteur a 4ᵐ18, et la médiane 6ᵐ42. Trouver la longueur des côtés.

250. Deux circonférences, qui ont pour rayons 8ᵐ80 et 17ᵐ60, sont tangentes extérieurement. Cherchez la distance des points de contact d'une tangente commune aux deux circonférences.

TRANSFORMATION DES FIGURES. — Exercices graphiques.

251. Faites un triangle ayant pour côtés 30, 25 et 18 millimètres, et transformez-le en un triangle isocèle équivalent.

252. Faites un triangle dont les côtés soient de 36, 28 et 20 millimètres, et transformez-le en un rectangle équivalent ayant pour base le grand côté du triangle.

253. Faites un rectangle de 36 millimètres de base et de 15 millimètres de hauteur, et transformez-le en un triangle isocèle équivalent ayant pour base la base du rectangle.

254. Faites un trapèze ayant pour bases 30 et 18 millimètres, et pour hauteur 20 millimètres, et transformez-le en un triangle équivalent dont la base repose sur la grande base du trapèze.

RAPPORT DES SURFACES DES FIGURES SEMBLABLES
Exercices graphiques.

255. Faites un triangle équilatéral de 24 millimètres de côté, puis un deuxième triangle équilatéral de surface moitié.

256. Tracez un cercle de 14 millimètres de rayon, puis un deuxième de surface double.

257. Construire un cercle qui soit la somme de trois cercles, ayant pour rayons 12, 10 et 14 millimètres.

RAPPORT DES SURFACES DES FIGURES SEMBLABLES
Exercices numériques.

258. Quel est le rapport des surfaces de deux carrés ayant pour côtés 3 mètres et 12 mètres ?

259. Quel est le rapport des surfaces de deux cercles ayant pour rayons 2 mètres et 3 mètres ?

260. Quelle est la surface d'un carré dont le côté est le $\frac{1}{3}$ du côté d'un carré qui a 64 mèt. carrés de surface ?

261. Quelle est la surface d'un cercle dont le rayon est 2 fois $\frac{1}{2}$ celui d'un cercle qui a 8 mèt. carrés de superficie ?

262. Un triangle a une surface de 3 mèt. carrés 16, on mène une parallèle à la base aux $\frac{2}{3}$ de la hauteur à partir du sommet ; quelle est la surface du triangle ainsi obtenu ?

263. Deux cercles concentriques ont des rayons qui sont dans le rapport de 7 à 5. La surface du petit cercle est de 3 mèt. carrés 60 ; quelle est la surface du grand cercle ?

LIVRE VI

Cubage des tas de pierres.

282. Les tas de pierres qu'on voit disposés sur les routes sont des volumes d'une forme particulière qui se mesurent de la manière suivante :

On multiplie le sixième de la hauteur par la somme des deux rectangles des bases, et de quatre fois un troisième rectangle situé à égale distance des bases.

Pierres concassées.
Fig. 337.

Désignons par h la hauteur, par B, B' et B'' les trois rectangles. On aura :

$$\text{Volume} = \frac{h}{6}(B + B' + 4B'').$$

EXEMPLE : Soit un tas de pierres ayant les dimensions suivantes

$$h = 0^m 6$$
$$AC = 0,80, \quad AB = 3^m 40$$
$$ac = 0,40, \quad ab = 3^m$$

Calculons les surfaces des bases

$$B = 3,4 \times 0,8 = 2,72$$
$$B' = 3 \times 0,4 = 1,2$$

Pour obtenir la surface de la base B'', je cherche ses deux dimensions. Or cette base étant équidistante des deux bases, les dimensions de cette dernière sont moyennes des dimensions des bases.

$$rm = \frac{AC + ac}{2} = \frac{0,80 + 0,40}{2} = 0,60$$

$$mn = \frac{AB + ab}{2} = \frac{3,4 + 3}{2} = 3,20$$

Donc $\quad B'' = 0,60 \times 3,20 = 1^{mq}92$

Appliquons la formule $V = \dfrac{0,6}{6}(2,72 + 1,2 + 7,68) = 1^m 152$

Remarque I. Dans la pratique, on se sert, pour mesurer les pierres cassées, d'une boîte sans fond ni dessus. Cette boîte a ordinairement une capacité d'un mètre cube. On l'emplit de pierres, et quand elle est pleine on l'enlève. On a ainsi un mètre cube de pierres (fig. 338).

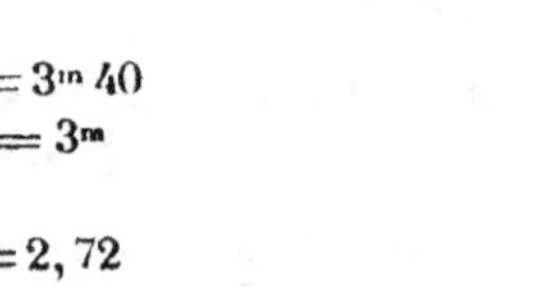

Boîte pour pierres concassées.
Fig. 338.

Remarque II. On peut obtenir de la même manière le volume d'un tombereau, d'un fossé en talus, d'une auge, d'un pétrin, etc.

EXEMPLE : Quelle est la capacité d'un pétrin ayant les dimensions suivantes : 2^m sur $0^m 80$ à l'ouverture et $1^m 60$ sur $0^m 40$ au fond et $0^m 70$ de profondeur.

Pétrin.
Fig. 339.

Je cherche la surface du rectangle à égale distance des bases.

Ses dimensions sont $\dfrac{0,80 + 0,40}{2} = 0,6$

et $\dfrac{2 + 1,6}{2} = 1,80$

La surface est $0,6 \times 1,8 = 1^{mq} 08$

La base supérieure est de $0,8 \times 2 = 1^{mq} 6$

La base inférieure est de $0,4 \times 1,6 = 0^{mq} 64$

La capacité est $\dfrac{0,70}{6} (1,6 + 0,64 + 4 \times 1,08) = 0^{mc} 765$

SURFACE DU PRISME. — Exercices numériques.

264. Quelle est la surface totale d'un cube de 5 mètres de coté ?

265. Quel est le côté d'un cube dont la surface latérale est de 0 mèt. carré 0648 ?

266. Quel est le côté d'un cube dont la surface totale est de 11 mèt. carrés 76 ?

267. Quelle est la surface latérale d'un parallélépipède de 3 mètres de longueur, 5 mètres de largeur et 8 mètres de hauteur ?

268. La surface latérale d'un parallélépipède rectangle de 7 mètres de hauteur est de 63 mèt. carrés ; quel est le périmètre de la base ?

269. Quelle est la surface latérale d'un prisme droit dont le périmètre de la base est de 7 mètres, la hauteur étant de 7 mètres ?

270. Quelle est la hauteur d'un prisme droit dont la surface latérale est de 10 mèt. carrés 40, sachant que la base est un pentagone régulier de $2^m 60$ de côté ?

271. Quel est le prix d'une caisse d'emballage de $0^m 60$ de long, $0^m 50$ de large et $0^m 40$ de profondeur, à 3 fr. 40 le mèt. carré ?

272. On a fait peindre à la colle les murs et le plafond d'une salle qui a 9 mètres de long, 7^m50 de large et 4^m20 de haut; quelle est la dépense, à raison de 0 fr. 30 le mèt. carré pour les murs et 0 fr. 60 pour le plafond?

273. Quelle est la somme des longueurs de toutes les arêtes d'un cube dont la surface totale est de 24 mèt. carrés?

274. On a fait cimenter le fond et les faces latérales d'une citerne octogonale qui a 1^m40 de côté à la base et 3^m20 de profondeur; quelle est la dépense, à raison de 2 fr. 60 le mèt. carré?

275. On a obtenu 6 planches avec une poutre équarrie de 5^m90 de longueur et 0^m32 de largeur; quelle est la surface totale de l'une de ces planches, sachant que le trait de scie a enlevé 4 millimètres de largeur?

VOLUME DU PRISME. — Exercices numériques.

276. Quel est le volume du cube de 2^m80 de côté?

277. Quel est le volume du cube dont la surface totale est de 24 mèt. carrés?

278. Quel est le volume d'un cube dont la somme des arêtes est 48 mètres?

279. Quel est le volume d'un prisme triangulaire qui a 1^m60 de hauteur, et dont la base a 0 mèt. carré 48 de surface?

280. Calculez le volume d'un prisme dont les bases sont des triangles de 0^m52 de base et 0^m36 de hauteur, la hauteur du prisme étant 3^m20?

281. La base d'un prisme est un triangle rectangle isocèle dont les côtés de l'angle droit ont chacun 1^m15; quel est le volume de ce prisme, sa hauteur étant de 0^m90?

282. Quel est le volume d'un parallélépipède rectangle de 0^m40 sur 0^m70 pour la base, et 4^m50 de hauteur?

283. Quel est le volume d'un parallélépipède droit à base carrée, la surface latérale étant de 3 mèt. carrés 4720, et la hauteur de 1^m40?

284. Le socle d'un piédestal est un parallélépipède à base carrée de 0^m80 de côté et de 2^m78 de hauteur; combien a-t-il coûté, à raison de 80 fr. le mèt. cube?

285. Quel est en mètres cubes le volume d'air contenu dans une chambre de 6 mètres de longueur, 5^m40 de largeur et 3^m60 de hauteur?

286. Quel est en hectolitres le volume de l'eau contenue dans une citerne à base carrée de 2^m50 de côté et 6^m30 de profondeur, quand elle est remplie aux $\frac{2}{3}$?

287. Une citerne à base rectangulaire de 6^m40 de long et 3^m80 de large a une profondeur de 4^m80. Elle était d'abord remplie aux $\frac{3}{4}$ lorsqu'on en a retiré 90 hectolitres; à quelle hauteur s'élève l'eau?

288. Une pompe donne 6 hectolitres d'eau par minute ; quel temps lui faudrait-il pour épuiser l'eau contenue dans une cave ayant 15^{m}90 de long, 7 mètres de large, l'eau s'élevant à 1^{m}50 ?

289. Un mur en briques doit avoir 7^{m}50 de long sur 0^{m}30 de large et 5^{m}60 de hauteur ; combien faudra-t-il de briques ayant pour dimensions 15 centimètres de long sur 10 centimètres d'épaisseur, sachant que le mortier y entre pour les $^3/_{20}$ du volume ?

290. Un bassin a 8^{m}50 de long, 4^{m}60 de large et 2^{m}10 de profondeur. On veut qu'il contienne 30 hectolitres de plus en augmentant seulement la longueur ; de combien sera l'augmentation ?

291. Le côté de l'hexagone régulier de la base d'un bloc basaltique a 0^{m}09 de longueur ; la hauteur de ce prisme est de 2^{m}95 ; quel est le poids de ce bloc si le poids du mètre cube de basalte est de 2845 kilogrammes ?

292. Un tube cylindrique, ouvert à ses deux bouts, a une longueur de 0^{m}10 et une épaisseur de 0^{m}005 ; son poids est de 1181 grammes 7, et la densité du cuivre est de 8,85 ; on demande de calculer à $^1/_{10}$ de millimètre près le diamètre intérieur de ce tube.

SURFACE DE LA PYRAMIDE. — Exercices numériques.

293. Une pyramide régulière a pour base un pentagone de 2^{m}50 de côté ; l'apothème de la pyramide est de 4^{m}20 ; quelle est la surface latérale de cette pyramide ?

294. L'arête latérale d'une pyramide régulière est de 6^{m}50, la base est un octogone régulier de 14^{m}40 de périmètre ; quelle est la surface latérale de cette pyramide ?

295. Déterminez la surface totale d'une pyramide régulière hexagonale ; l'arête latérale est de 3^{m}60, et le côté de base de 1^{m}80.

296. L'arête latérale d'une pyramide hexagonale régulière est de 4^{m}20, le côté de la base est de 2^{m}10 ; on demande la surface latérale de cette pyramide.

297. La surface latérale d'une pyramide triangulaire régulière est de 15 mèt. carrés ; l'apothème est de 3^{m}80 ; on demande la longueur d'une arête latérale.

VOLUME DE LA PYRAMIDE. — Exercices numériques.

298. Quel est le volume d'une pyramide qui a 1 mèt. carré 50 de base et 2^{m}10 de hauteur ?

299. Une pyramide triangulaire a 2^{m}35 de hauteur, sa base est un triangle dont la base a 0^{m}72 et la hauteur 0^{m}80 ; on demande le volume de cette pyramide.

300. Quelle est la base d'une pyramide dont le volume est 5 mèt. cubes 445, et la hauteur 3^{m}63 ?

301. Sur un carré de 2m40 de côté, on a entassé des cailloux formant une pyramide d'une hauteur de 2m40; combien a gagné l'ouvrier qui a fait ce travail à raison de 2 fr. 50 le mètre cube?

302. Une pyramide régulière a pour base un triangle équilatéral; quel est le volume de cette pyramide si les six arêtes, celles de la base et des côtés, ont chacune 1m40 de longueur?

303. Calculer le volume d'une pyramide régulière qui a pour base un carré de 2m30 de côté et dont l'apothème de l'une de ses faces est de 4m10?

304. Calculer le volume d'une pyramide régulière à base carrée de 6 mètres de côté, et dont l'arête latérale est de 9m16.

305. Trouver le volume d'une pyramide de 15 mètres de hauteur et qui aurait pour base un triangle équilatéral inscrit dans un cercle de 8m80 de rayon.

306. Quelle est la hauteur d'une pyramide régulière dont le carré de la base a 4 mèt. carrés 84, et la longueur des arêtes latérales 5m25?

307. Une pyramide de 18 décimètres de hauteur, et dont le volume est de 96 décimètres cubes, a pour base un losange dont l'une des diagonales est égale à la $\frac{1}{4}$ de l'autre. On demande : 1° la longueur de chaque diagonale; 2° la surface du cercle inscrit dans le losange de la base.

LIVRE VII

§ I. — Volume d'un corps irrégulier quelconque.

283. Pour obtenir le volume d'un corps non géométrique, on peut employer deux procédés.

1er Procédé. On prend un vase cylindrique on y verse une certaine quantité d'eau, et on marque le niveau AB. On plonge ensuite dans le vase le corps dont on cherche le volume; l'eau s'élève, et l'on marque le second niveau *ab*.

Le volume du corps est égal au volume du cylindre AB*ba*.

Exemple : Soit à trouver le volume d'une poire.

Le volume du cylindre AB*ba* est
$$0,06 \times 0,06 \times 3,1416 \times 0,04 = 0^{mc}0004523904$$
soit   452cmc 39

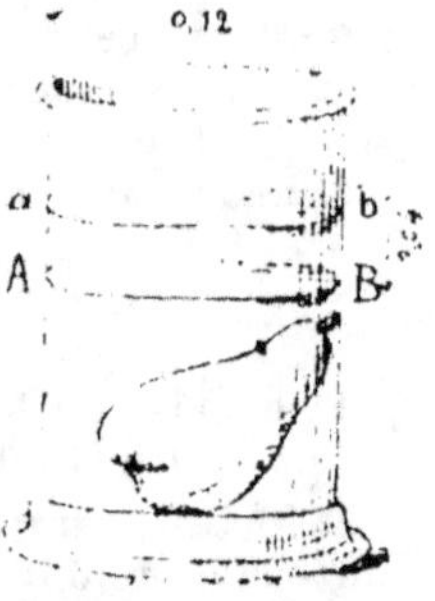

Vase cylindrique.
Fig. 340.

2e Procédé. On peut encore remplir complètement le vase MN (fig. 341), et y plonger ensuite le corps. On recueille l'eau qui en sort dans un vase V. On mesure cette eau : son volume est le volume du corps.

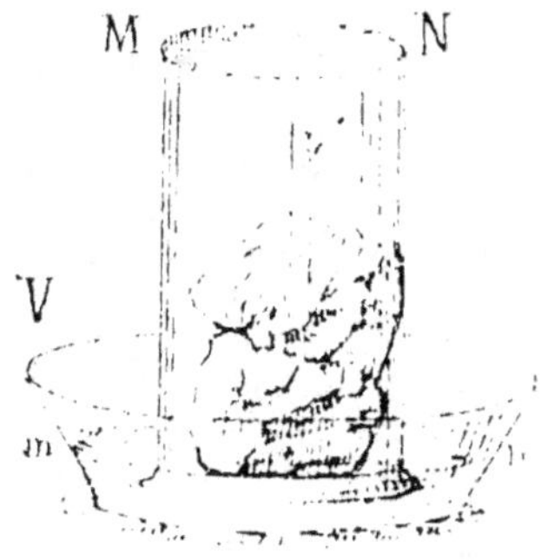

Vase cylindrique sur une cuvette.

Fig. 341.

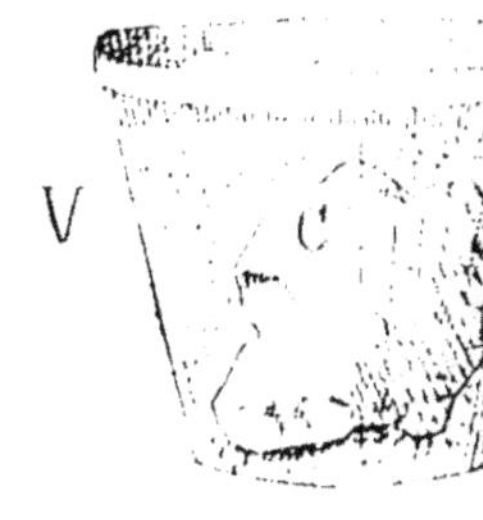

Vase en tronc de cône.

Fig. 342.

3° Procédé. On prend un vase V (fig. 342) dont on connait la capacité. On y place le corps C. On achève de remplir le vase avec du sable. On évalue le volume du sable introduit, et on le retranche du volume du vase : le reste est le volume du corps.

§ II. — Jaugeage des tonneaux.

284. Un tonneau est formé de planchettes de bois appelées *douves*, entourées de cercles de bois ou de fer.; elles portent aux extrémités les deux fonds du tonneau.

Ces douves sont renflées vers le milieu du tonneau. Ce renflement s'appelle le *bouge* du tonneau, et son diamètre prend le nom de *diamètre du bouge*.

Jauger un tonneau, c'est en déterminer la capacité.

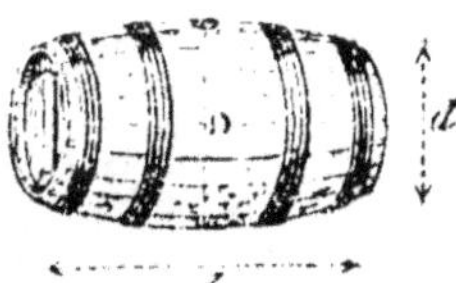

Fig. 343.

Tonneau.

1° Ajoutez ensemble le diamètre du bouge et le diamètre du fond, et faites le carré de cette somme;

2° Multipliez le produit obtenu par deux fois la longueur du tonneau.

On aura ainsi le volume en hectolitres.

Ce procédé est renfermé dans l'expression suivante : $V = (D + d)^2 \times 2l$ dans laquelle D est le diamètre du bouge, d le diamètre du fond, et l la longueur du tonneau (fig. 343).

EXEMPLE : Soit à jauger un tonneau ayant une longueur de 1^m90; le diamètre du bouge est 0,798 et le diamètre du fond 0^m650.

On a : $V = (0,798 + 0,650)^2 \times 2 \times 1,90 = 7^{hl}97$

So   797 litres.

§ III. — Cubage des bois.

285. Un arbre abattu, dépouillé de ses branches, mais recouvert de son écorce, est un arbre en *grume*.

Le bois *équarri* est une pièce de bois à faces planes provenant des bois en grume.

286. Cubage des bois en grume. Le bois en grume a généralement la forme de tronc de cone.

Dans la pratique, voici comment on trouve son volume :

1° On prend la moyenne des rayons des bases, et on élève cette moyenne au carré.

2° On multiplie le résultat par π et par la longueur de l'arbre.

Cela revient à considérer l'arbre comme un cylindre ayant pour base le cercle moyen situé à égale distance des deux bases

Bois en grume.
Fig. 344.

L'expression suivante résume le procédé :

$$V = \pi \left(\frac{R + r}{2} \right) \times l$$

287. *On peut encore opérer comme il suit :*

1° On prend la longueur de la circonférence moyenne, on en prend la moitié; et on élève au carré.

2° On multiplie le résultat par la longueur de l'arbre et par le nombre 0,31830, qui n'est autre que le quotient de $\frac{1}{\pi}$.

Ce procédé est résumé dans la formule suivante :

$$V = \left(\frac{circonf.}{2} \right)^2 \times l \times 0,31830$$

288. Recherche de l'équarrissage des bois en grume. On peut se proposer de chercher quel volume de bois équarri donnerait un arbre en grume.

Il existe pour cela deux procédés, suivant que l'arbre abattu est scié aux deux extrémités, ou que l'arbre est encore debout.

1° Si l'arbre est scié à ses extrémités, on inscrit des carrés dans les cercles tracés en dedans de l'aubier (fig. 345) puis on multiplie par la longueur la demi-somme de la surface des deux carrés.

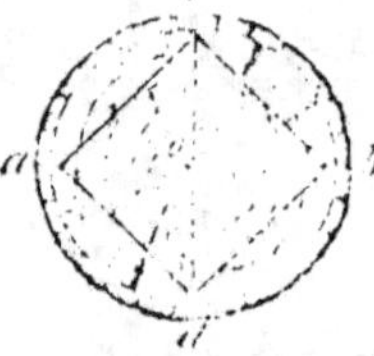

Fig. 345.

2° Si l'arbre est encore debout, on mesure la *circonférence moyenne*, on en prend le $\frac{1}{8}$, et on fait le carré de ce $\frac{1}{8}$.

On multiplie le résultat par la longueur du tronc.

Ce procédé est résumé dans l'expression :

$$V = \left(\frac{circonf.\ moyenne}{5} \right)^2 \times l$$

C'est la manière de cuber connue sous le nom de *cuber au cinquième déduit.*

289. Remarque I. Certains bois dont l'écorce est très mince ou dont l'écorce est enlevée se cubent au sixième *déduit.*

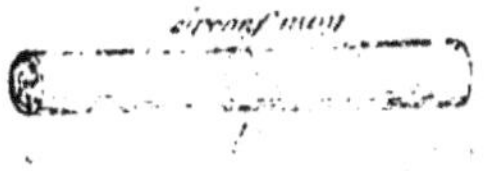

On prend le sixième de la circonférence moyenne de l'arbre, on retranche ce sixième de la circonférence, on prend le quart du reste, qu'on élève au carré,

Fig. 346.

et on multiplie ce carré par la longueur de l'arbre (fig. 346).

Remarque II. On admet généralement que le *sapin en grume* a un volume égal à 1 fois ½ celui du *sapin équarri.*

SURFACE DU CYLINDRE. — Exercices numériques.

308. Quelle est la surface latérale d'un cylindre de 0ᵐ40 de rayon et de 2ᵐ40 de hauteur?

309. Quelle est la surface latérale d'un cylindre qui a 1ᵐ60 de diamètre et 4 mètres de hauteur?

310. Quelle est la surface latérale d'un cylindre qui a 3ᵐ90 de hauteur, et dont la circonférence de base est les ³/₄ de cette hauteur?

311. Quelle est la surface latérale d'un cylindre dont le rayon de base est 0ᵐ60, et la hauteur les ³/₂ de la circonférence de base?

312. La surface de la base d'un cylindre est de 3 mèt. carrés 48, et la hauteur égale le diamètre de la base ; quelle est la surface totale de ce cylindre?

313. Quelle est la surface totale d'un cylindre de 5 mètres de hauteur, et dont le rayon de la base est de 0ᵐ20?

314. La surface latérale d'un cylindre est de 12 mèt. carrés 68 ; le rayon de la base est de 1ᵐ60 ; on demande la hauteur de ce cylindre.

315. On demande la surface totale d'un cylindre dont le diamètre de la base est de 0ᵐ48, sachant que la hauteur du cylindre vaut 5 fois le rayon.

316. Un puits de 9ᵐ70 de profondeur et de 1ᵐ50 de diamètre a été cimenté à raison de 1 fr. 30 le mètre carré pour le fond, et de 1 fr. 90 pour la surface latérale ; combien a-t-on déboursé?

317. Que faut-il payer à raison de 2 fr. 40 le mèt. carré pour passer une couche de minium à l'extérieur de 40 tuyaux de conduite en fonte de 1ᵐ60 de long, dont le diamètre extérieur est de 0ᵐ20?

318. On a fait crépir une tour cylindrique de 22 mètres de hauteur et de 25 mètres de circonférence; quelle a été la dépense à 3 fr. le mèt. carré, sachant que les portes et les croisées offrent une surface de 26 mèt. carrés?

VOLUME DU CYLINDRE. — Exercices numériques.

319. Trouver le volume d'un cylindre de 3 mètres de hauteur, et dont le cercle de base a 0ᵐ960.

320. Quel est le volume d'un cylindre dont la hauteur est de 12ᵐ60, et le rayon de la base 1ᵐ90?

321. Calculez le volume d'un cylindre dont la surface latérale est 8 mèt. carrés 40 et la hauteur 4 mètres.

322. Quel est le volume d'un cylindre dont la circonférence de la base a 3 mètres et la surface latérale 15ᵐ80?

323. Quelle est la capacité d'un puits qui a 1ᵐ20 de diamètre et 12 mètres de profondeur?

324. Calculez la profondeur d'un puits qui a 2ᵐ20 de diamètre et dont la capacité est de 314 hectolitres 60?

325. Une feuille de fer-blanc a 1 mètre de long sur 0ᵐ80 de large; on demande les volumes des cylindres qu'on obtiendrait en l'enroulant sur elle-même: 1° dans le sens de la longueur, 2° dans le sens de la largeur.

326. Une tour a 22ᵐ40 de hauteur, 2ᵐ60 de diamètre intérieur et 4ᵐ10 de diamètre extérieur; on demande le volume de la maçonnerie, abstraction faite des ouvertures.

327. Supposez une pile de dix pièces de 20 fr. ayant chacune pour hauteur 0,0015; déterminez le volume du cylindre, le diamètre d'une pièce de 20 fr. étant de 21 millimètres.

328. Un aqueduc, terminé en voûte demi-cylindrique, a 9ᵐ80 de longueur; les dimensions intérieures sont 1ᵐ60 de largeur et 2ᵐ30 de hauteur à l'axe de la voûte; on demande le volume de la maçonnerie, le mur ayant partout 0ᵐ40 d'épaisseur.

329. Un lingot cylindrique en or, de 0ᵐ15 de long et 0ᵐ005 de diamètre, a été réduit en fil de ¼ de millimètre de diamètre; quelle est la longueur du fil obtenu?

330. L'eau contenue dans un puits de 1ᵐ20 de diamètre s'élève à 6ᵐ80; à quelle hauteur s'élèverait cette eau dans un bassin de 3ᵐ40 de long sur 2ᵐ60 de large?

331. Quel rayon faut-il donner à un réservoir circulaire de 2^m60 de profondeur pour qu'il puisse contenir 510 hectolitres 51 ?

332. Un vase cylindrique de 1^m08 de diamètre pèse vide 9 kilogrammes ; on y verse de l'eau jusqu'à ce que le tout pèse 105 kilogrammes ; à quelle hauteur s'élève cette eau ?

333. Un prisme hexagonal régulier est inscrit dans un cylindre dont le diamètre égale la hauteur. La circonférence de la base a 8^m30 ; on demande de calculer le volume du prisme et le volume du cylindre.

334. Combien coûtera la maçonnerie d'un puits qui doit avoir 1^m30 de diamètre intérieur et 12 mètres de profondeur, sachant que l'épaisseur du mur doit être de 0^m40, et qu'on paye 34 fr. 60 le mètre cube ?

335. Quel est le volume d'un cylindre qui a 1^m30 de rayon et 6 mèt. carrés 50 de surface latérale ?

336. Un cylindre est circonscrit à un cube de 1 mètre de côté ; quelle est la différence de volume des deux solides ?

337. Un cube de 1 mètre de côté est circonscrit à un cylindre ; quelle est la différence de volume de ces deux solides ?

338. Un réservoir cylindrique de 2^m30 de hauteur et de 3^m50 de diamètre doit être rempli au moyen d'un vase cylindrique de 0^m40 de haut et 0^m30 de diamètre ; combien de fois faudra-t-il vider ce dernier dans le réservoir ?

339. Une botte de fil de fer pèse 15 kilogrammes ; le diamètre de ce fil est de 2 millimètres, et la densité du fer est de 7,8 ; quelle est la longueur du fil de fer ?

340. La surface totale d'un cylindre droit est de 1 mèt. carré 36 ; le rayon de sa base est de 0^m40 ; trouver sa hauteur.

341. Un réservoir cylindrique de 1^m80 de profondeur doit contenir 1 000 litres d'eau ; calculer la longueur de son diamètre.

342. Trouver le rayon de la base d'un réservoir cylindrique de 4^m40 de hauteur s'il contient 20 hectolitres.

343. Calculer le volume d'un tronc d'arbre de forme cylindrique, long de 5^m10 et d'un contour de 1^m48.

344. Quel volume d'eau peut contenir une citerne cylindrique si la circonférence extérieure a 10^m80, l'épaisseur du mur 0^m45, et la profondeur de la citerne 6^m18 ?

345. Le rayon du cercle de base d'une citerne est de 1^m98 ; quelle profondeur faut-il donner à cette citerne pour qu'elle contienne 150 hectolitres ?

SURFACE DU CONE. — Exercices numériques.

346. Quelle est la surface latérale d'un cône droit dont le côté est de 2ᵐ40 et la circonférence de base de 4ᵐ20?

347. Quelle est la surface latérale d'un cône droit dont le côté est de 8ᵐ60 et le diamètre de base de 2ᵐ90?

348. Quelle est la surface totale d'un cône droit dont le côté est de 1ᵐ40 et le rayon de base de 0ᵐ40?

349. Déterminez la surface latérale d'un cône droit dont la hauteur est de 3ᵐ20 et le rayon de base de 1ᵐ80.

350. On demande la surface totale d'un cône droit dont la hauteur est de 4ᵐ20 et le côté de 5ᵐ10.

351. Le côté d'un cône droit est de 0ᵐ80, sa hauteur est de 0ᵐ70; quelle est sa surface totale?

352. Une tour ronde est terminée par un toit conique de 7ᵐ60 de diamètre et 5ᵐ10 de côté; combien coûtera la couverture en zinc de ce toit, à 8 fr. 20 le mèt. carré?

VOLUME DU CONE. — Exercices numériques.

353. Calculez le volume d'un cône qui a 2ᵐ50 de hauteur, le rayon de la base étant de 0ᵐ50.

354. Quel est le volume d'un cône de 0ᵐ80 de hauteur, la circonférence de la base étant de 2ᵐ40?

355. Calculez le volume d'un cône droit qui a 1ᵐ40 de diamètre, le côté de ce cône étant de 2ᵐ20.

356. Quel est le volume d'un pain de sucre qui a 0ᵐ53 de hauteur et 0ᵐ32 de diamètre à la base?

357. Un tas de blé de forme conique a 4ᵐ60 de circonférence et 1ᵐ50 de côté; combien contient-il de doubles décalitres?

358. Déterminez la hauteur d'un cône qui a 1ᵐ30 de rayon, son volume étant de 3 mèt. cubes 700.

359. Quel est le volume d'un cône qui a 1ᵐ80 de côté, sachant que sa surface latérale est de 5 mèt. carrés 60?

SURFACE DE LA SPHÈRE. — Exercices numériques.

360. Quelle est la surface d'une sphère de 0ᵐ17 de rayon?

361. Quelle est la surface d'une sphère de 3ᵐ20 de diamètre?

362. Quelle est la surface d'une sphère, sachant que la circonférence de l'un de ses grands cercles a 2ᵐ50?

363. Quelle est la surface d'une sphère, sachant que la surface d'un grand cercle de cette sphère est de 32 centimèt. carrés 45?

364. Quel est le rayon d'une sphère de 2 mèt. carrés 25 de superficie?

365. Quelle est la surface d'une boule en cuivre qui entre exactement dans une caisse cubique dont la surface intérieure est de 0 mèt. carré 0180?

366. Quelle est la surface extérieure d'une sphère creuse de 0m03 d'épaisseur, le rayon intérieur étant de 0m45?

367. Quelle est la surface intérieure et extérieure d'une sphère creuse dont le diamètre intérieur a 0m80, l'épaisseur étant de 0m02?

368. Combien coûtera la dorure d'une sphère en cuivre de 0m14 de rayon, à raison de 0 fr. 50 le décimètre carré?

VOLUME DE LA SPHÈRE. — Exercices numériques.

369. Quel est le volume d'une sphère de 2m40 de rayon?

370. Quel est le volume d'une sphère de 0m82 de diamètre?

371. Quel est le poids d'une sphère en cuivre de 3 centimètres de rayon, la densité du cuivre étant 8,8?

372. Quel est le poids d'une sphère en fer de 0m12 de diamètre, la densité du fer étant 7,7?

373. Quelle est la valeur d'une boule en or pur de 2 centimètres de rayon, la densité de l'or étant 19,3 et là valeur d'un gramme d'or pur 3 fr. 44?

374. Une boule en cuivre entre exactement dans une boîte cubique de 8 centimètres de côté; quel est le poids de cette sphère, la densité du cuivre étant 8,8?

375. Quelle est la contenance d'un bassin hémisphérique de 4m50 de largeur?

376. Quel est le poids de l'eau contenue dans une chaudière hémisphérique dont le diamètre intérieur a 0m78?

377. La dorure d'une sphère en cuivre a coûté 25 fr. 50; quel est le volume de cette sphère, la dorure ayant été payée à raison de 0 fr. 60 le décimètre carré?

378. Quel est le volume d'une sphère creuse de 0m02 d'épaisseur, le diamètre extérieur ayant 0m54?

379. Quel est le poids d'une sphère creuse en fer, dont le rayon intérieur a 0m08 et l'épaisseur 0m025? La densité du fer est 77.

380. Dans un vase exactement rempli d'eau, on laisse tomber avec précaution 5 balles de plomb de 0m008 de diamètre; on demande le poids de l'eau qui s'échappera du vase.

VOLUMES SEMBLABLES

381. Que devient la surface d'un cube dont on double le côté?

382. Que devient le volume d'une sphère lorsqu'on diminue son rayon de moitié?

383. Que devient le volume d'une caisse dont on double les dimensions ?

384. La surface latérale d'un prisme est de 6 mèt. carrés 80 ; quelle est celle d'un prisme dont les dimensions sont le tiers de celles du premier ?

385. Un cylindre a 6^{m}2839 de circonférence de base et 2^{m}50 de hauteur ; quel sera le rayon de la base d'un cylindre dont le volume sera le tiers de celui du premier ?

386. Un cône tronqué a 3^{m}60 de hauteur, et les rayons des deux bases ont 2^{m}40 et 1^{m}80 ; quels sont les rayons d'un tronc de cône semblable ayant 4 mètres de hauteur ?

387. Quel serait le diamètre d'une sphère dont la surface égalerait celle d'une autre sphère de 0^{m}75 de rayon ?

388. Une sphère a une surface de 9 mèt. carrés 60 ; quelle est la surface d'une autre sphère ayant un rayon trois fois moindre ?

389. Quel rayon faut-il donner à une sphère pour que sa surface soit trois fois moindre que celle d'une sphère qui a 4^{m}80 de rayon ?

390. A quelle distance du sommet faut-il couper une pyramide, parallèlement à la base, pour que les deux parties soient équivalentes ?

391. Une pyramide régulière a pour base un carré de 3 mètres de côté et de 5 mètres de hauteur ; à quelle distance du sommet faudrait-il la couper, parallèlement à la base, pour que le volume restant eût 9 mèt. cubes ?

PROBLÈMES DE RÉCAPITULATION

Pignon de mur.
Fig. 347.

Meule de blé.
Fig. 348.

Borne.
Fig. 349.

392. Un maçon a construit un pignon de mur de 4 mètres de long et 0^{m}55 d'épaisseur ; la hauteur du milieu est de 6^{m}20, et celle de chaque côté de 4^{m}10 ; que lui est-il dû, à raison de 15 fr.50 le mètre cube ?

393. Les meules de blé des environs de Paris ont la forme d'un tronc de cône surmonté d'un cône ; en considérant une de ces meules avec les dimensions suivantes : diamètre du tronc de cône, 5 mètres et 6 mètres ; hauteur du tronc de cône, 3 mètres ; hauteur du cône, 5 mètres ; quel en est le volume ?

394. Une pierre ayant la forme d'une borne kilométrique a les dimensions indiquées sur la figure ci-dessus ; trouver son volume et sa surface.

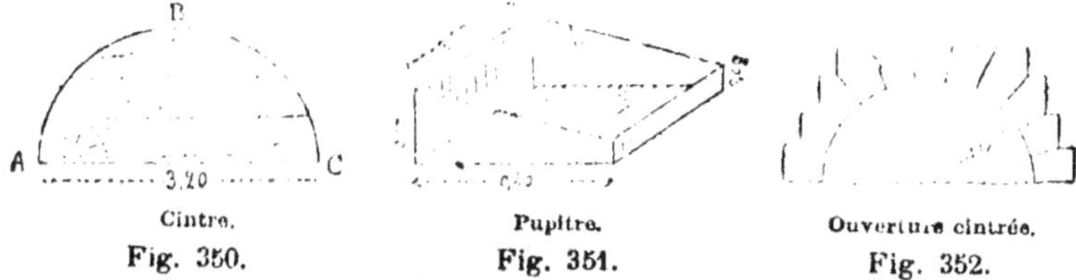

Cintre.
Fig. 350.

Pupitre.
Fig. 351.

Ouverture cintrée.
Fig. 352.

395. Quel est le prix d'un demi-cintre de 3^{m}20 de diamètre, en bois blanc travaillé sur les deux faces, le mètre carré valant 4 fr.50 ?

(Lorsque les bois sont cintrés par un trait de scie, on ajoute deux dixièmes en plus à leur surface réelle.)

396. Un maçon doit faire une ouverture cintrée de 1^{m}50 de rayon avec 11 pierres ; trouver la largeur à donner à chaque pierre sur la demi-circonférence intérieure.

397. L'intérieur d'un pupitre d'écolier a les dimensions marquées sur le croquis ci-dessus ; quel est son volume ?

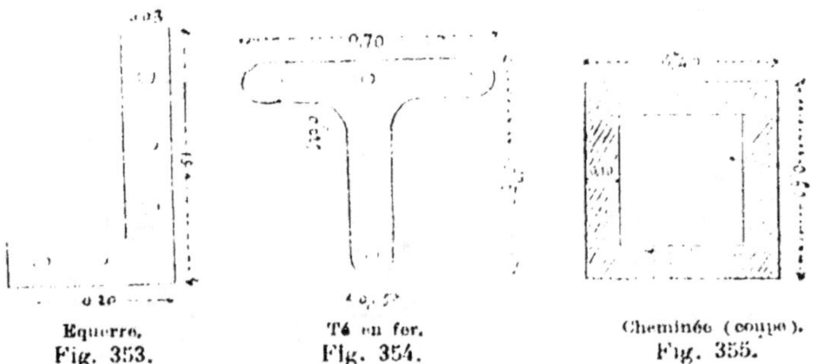

Equerre.   Té en fer.   Cheminée (coupe).
Fig. 353.   Fig. 354.   Fig. 355.

398. Trouver la surface d'une équerre en fer qui consolide les montants d'une croisée qui a 0^m20 de long d'un côté, et 0^m51 de l'autre, et 0^m03 de large?

399. Quelle est la surface d'un té en fer qui consolide une menuiserie, et dont les dimensions sont marquées sur le croquis ci-dessus?

400. Quel est le prix d'une cheminée construite en briques sur plat de 0^m10 de large, si cette cheminée a extérieurement 0^m60 sur 0^m40 et une hauteur de 3^m20, la maçonnerie en briques étant payée 38 fr. le mètre cube?

Vue de face   Coupe.
Mur.   Cuvier.   Cercle.
Fig. 356.   Fig. 357.   Fig. 358.

401. La partie droite du mur d'un tunnel de chemin de fer est garnie de distance en distance de niches servant de refuge aux ouvriers pour se garer au passage des trains; trouver le prix d'une de ces parties de mur de 25 mètres de long, 4 mètres de haut, 0^m75 d'épaisseur, déduction faite de deux niches cintrées de 1^m80 de large sur 3 mètres de haut, si le retrait en parement droit est de 0^m55. La maçonnerie est payée à raison de 16 fr. le mèt. cube.

402. Quelle est, en hectolitres, la capacité d'un cuvier de 1^m20 de diamètre et de 0^m80 de hauteur, formé d'une demi-sphère surmontée d'une partie cylindrique?

403. Dans un cercle de 1^m de rayon, on inscrit deux cordes parallèles, l'une égale au rayon, l'autre égale au côté du carré inscrit; calculer, à 1 centimètre carré près, la surface de la portion de cercle comprise entre ces deux cordes et la circonférence.

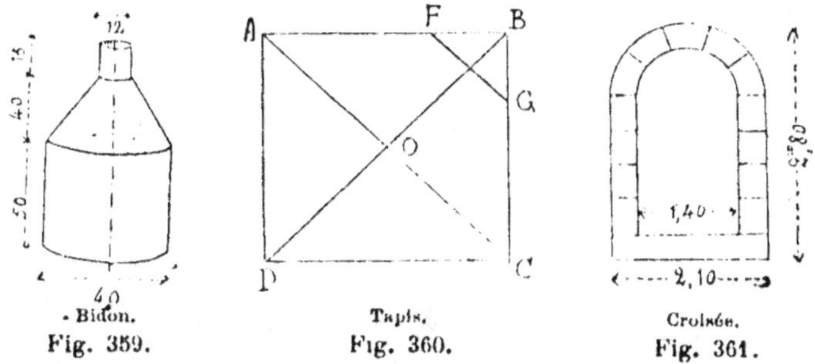

Bidon.   Tapis.   Croisée.
Fig. 359.   Fig. 360.   Fig. 361.

404. Un bidon a les dimensions marquées sur le croquis
ci-dessus; quelle est sa surface latérale? quelle est la surface de
sa base? quel sera le prix d'un bidon semblable, de dimensions doubles, en supposant que le fer-blanc se paye, tout travaillé, à raison de 3,50 le mèt. carré?

405. Un tapis a la forme d'un carré de 6ᵐ50 de côté; on le
coupe aux quatre angles suivant des lignes, telles que FG perpendiculaire à la diagonale et à 3ᵐ25 du centre; trouver 1° de
combien la surface est diminuée; 2° quelle longueur de bordure
il faudrait acheter pour border complètement la nouvelle figure

406. Quelle est la surface totale du bandeau d'une croisée cintrée et de son bassoir, qui a les dimensions indiquées sur la
figure ci-dessus?

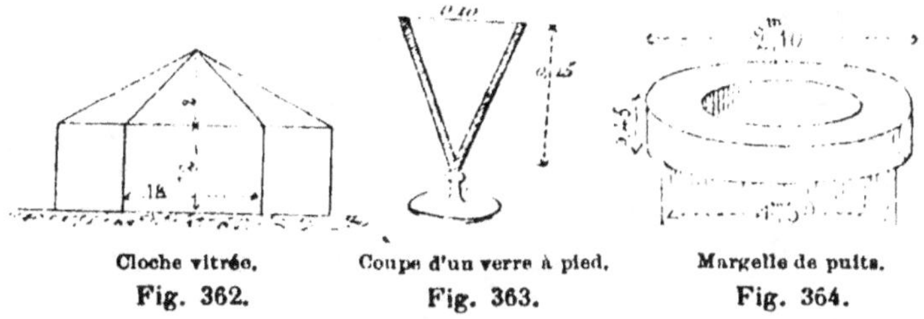

Cloche vitrée.   Coupe d'un verre à pied.   Margelle de puits.
Fig. 362.   Fig. 363.   Fig. 364.

407. Quel sera le prix d'une cloche vitrée dont les dimensions
sont ci-contre, si le montage en fer blanc a coûté 4 fr. 50, et si
le verre double que l'on y a placé se paye 6 fr. 50 le mèt. carré,
pose comprise?

408. Dans un verre à pied de forme conique de 15 centimètres
de hauteur et de 10 centimètres de diamètre, on verse de l'eau
jusqu'à la moitié de la hauteur. Quel est le poids de l'eau contenue?

409. La margelle d'un puits formant un cylindre creux de 1ᵐ30
de diamètre a un diamètre extérieur de 2ᵐ10; sa hauteur est
de 0ᵐ45; quel est le prix de la pierre de taille employée à la
construire si on la paye à raison de 52 fr. le mètre cube?

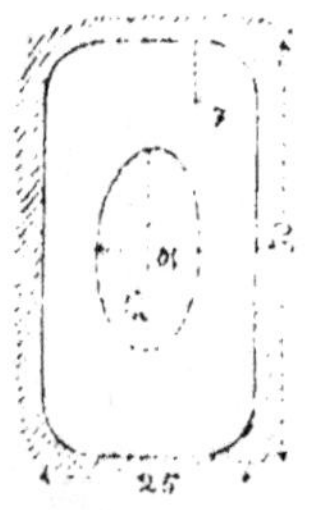

Bassin.
Fig. 365.

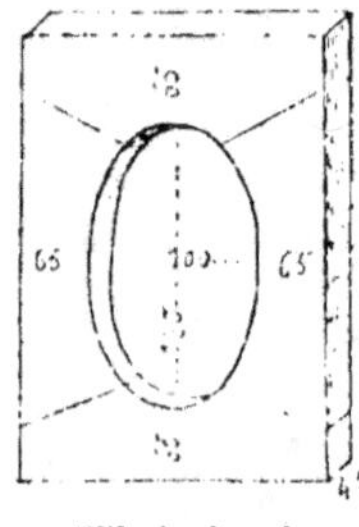

Œil-de-bœuf.
Fig. 366.

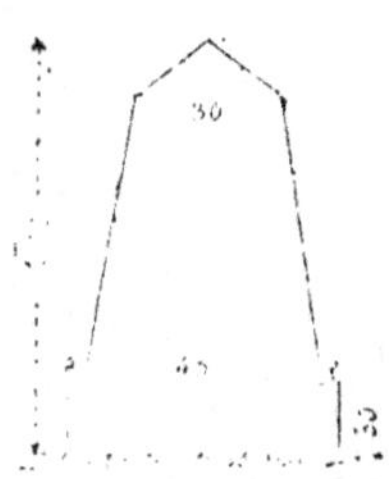

Borne.
Fig. 367.

410. Quelle est la contenance d'un bassin de 2ᵐ75 de profondeur et dont les autres dimensions sont 50 mètres de longueur, 50 mètres de largeur, avec les coins arrondis par des arcs de 7 mètres de rayon ? Le massif elliptique du milieu étant déduit : il a pour axe 25 mètres et 10 mètres.

411. Que revient-il à un entrepreneur qui a construit un œil-de-bœuf de forme elliptique, dont les dimensions sont indiquées sur le croquis ci-dessus, sachant que la pierre lui est payée, pose comprise, à 110 fr. le mèt. cube ?

412. Une borne en pierre est formée d'un tronc de cône surmonté d'un cône et placé sur une base prismatique. Les dimensions sont marquées sur le croquis ci-contre. Son prix s'évalue à l'aide de la surface et à l'aide du volume après la taille, à raison de 12 fr. le mèt. carré de taille vue et de 56 fr. le mèt. cube de pierre ; calculer cette valeur sachant que le transport et la pose ont coûté ensemble 13 fr. 50. (Prenez 0ᵐ,20 pour hauteur du cône qui surmonte)

Verre ordinaire.
Fig. 368.

Porte.
Fig. 369.

Panier.
Fig. 370.

413. Quelle est la capacité en centilitres d'un verre ordinaire à boire, dont les dimensions sont les suivantes : hauteur 0ᵐ07, diamètres des bases 0ᵐ065 et 0ᵐ055 ?

414. Trouver le prix, à 1 fr. 50 le mètre linéaire, de la moulure en bois qui entoure l'ouverture représentée par la figure ci-dessus.

(Lorsque les moulures sont sur un cintre, elles se comptent trois fois leur longueur.)

415. Un panier à papier, ayant la forme d'un tronc de cône, a 0ᵐ25 et 0ᵐ20 pour diamètres intérieurs des deux bases, et 0ᵐ33 de hauteur ; quel est son volume intérieur ?

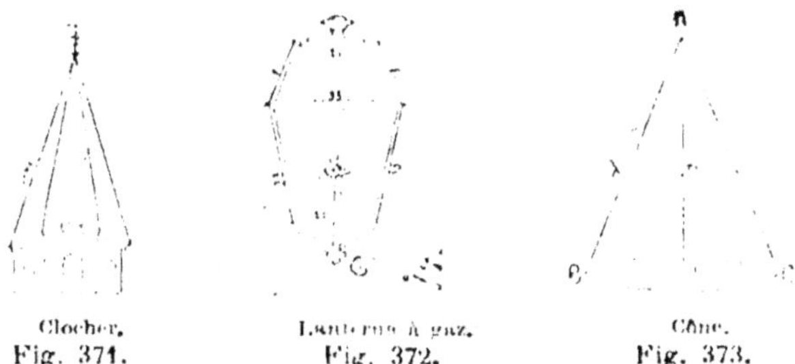

Clocher.
Fig. 371.

Lanterne à gaz.
Fig. 372.

Cône.
Fig. 373.

416. La flèche d'un clocher a la forme d'une pyramide hexagonale régulière, le polygone de base a un contour de 15^{m}60, le côté de la pyramide a 13^{m}50; à combien revient la couverture en ardoises d'Angers? L'ardoise toute posée se paye 3 fr. 50 le mètre carré.

417. Quelle doit être la surface totale des carreaux d'une lanterne à gaz, dont les dimensions sont indiquées ci-dessus; quel est le prix des huit carreaux à raison de 4 fr. 50 le mètre carré, la pose comprise?

418. Un bloc de pierre a la forme d'un cône droit ABC, ayant 2^{m}60 pour diamètre de base BC, et 3^{m}80 pour côté AB. La densité de la pierre est 2,7; on demande à quelle distance AX du sommet, comptée sur le côté, il faudrait couper le cône par un plan parallèle à la base, pour que le tronc de cône restant pesât 15 tonnes 500.

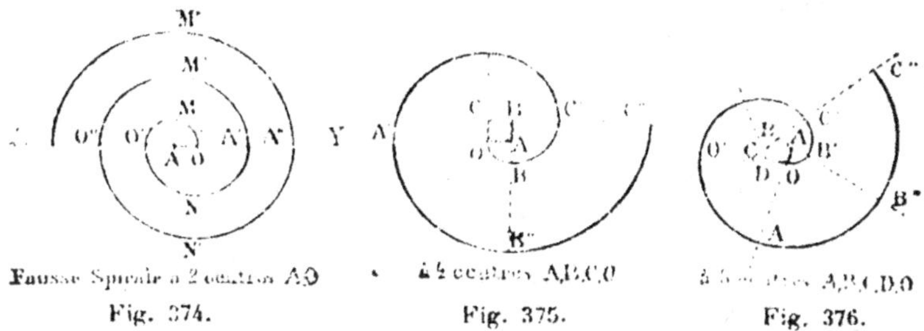

Fausse Spirale à 2 centres AO
Fig. 374.

à 4 centres ABCO
Fig. 375.

à 5 centres ABCDO
Fig. 376.

419. Pour construire une spirale à deux centres, on a pris le premier rayon AO de 3 millimètres; quelle est la longueur de la spirale quand elle se termine après cinq demi-circonférences au point X?

420. Pour construire une spirale à quatre centres, on a pris un carré de 3 millimètres de côté; quelle est la longueur de la spirale quand elle se termine après six quarts de circonférence au point C″?

421. Pour construire une spirale à cinq centres, on a pris un pentagone régulier de 3 millimètres de côté; quelle est la longueur de la spirale quand elle se termine après cinq arcs, au point C″?

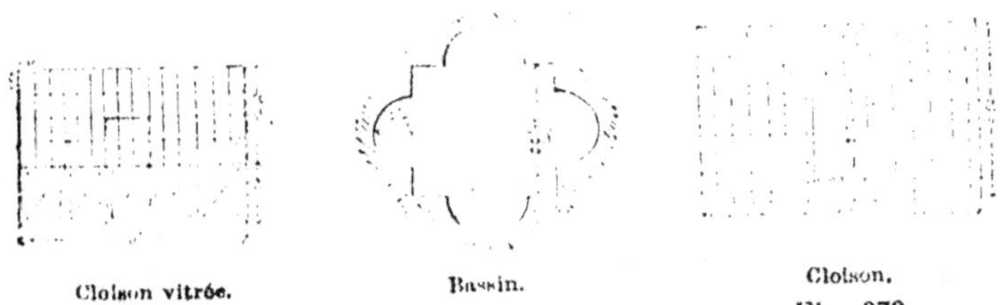

Cloison vitrée.
Fig. 377.

Bassin.
Fig. 378.

Cloison.
Fig. 379.

422. On a fait peindre des deux côtés une cloison vitrée à 0 fr. 50 le mètre carré. Cette cloison a 6 mètres de long et 4 mètres de haut; une partie pleine a 1^m50 de hauteur; le reste est vitré avec du verre ayant 0^m50 de hauteur et 0^m20 de largeur; quel est le prix de cette peinture?

(Dans les vitrages, les verres dont la surface n'atteint pas 0 mèt. carré 15 ne sont pas déduits dans le calcul de la surface.)

423. Le bassin d'un jet d'eau a la forme d'un carré de 4^m50 de côté, et se trouve terminé à ses quatre faces par une demi-circonférence de 1^m60 de rayon; quelle est sa contenance, s'il a 1^m15 de profondeur?

424. On veut faire une cloison dans un appartement de 3^m50 de hauteur et 5 mètres de largeur, en ménageant une porte de 0^m80 sur 2^m30; quel sera le prix à 2 fr. 10 le mètre carré les vides déduits?

Bassin dit pièce d'eau des Suisses.
Fig. 380.

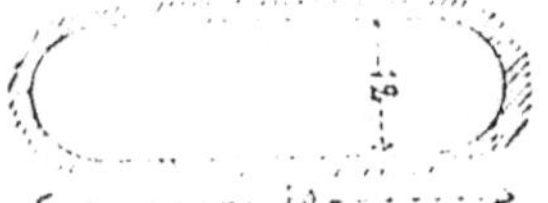

Bassin.
Fig. 381.

425. La grande pièce d'eau dite des Suisses, à Versailles, fut creusée en une nuit par le régiment des Suisses, qui voulurent faire une surprise au grand roi Louis XIV. Elle a une longueur totale de 400 mètres sur une largeur de 110 mètres; les deux extrémités sont formées de deux demi-circonférences de 45 mètres de rayon; quelle est la capacité de cette grande pièce d'eau, en supposant qu'elle ait une profondeur uniforme de 3^m50?

426. Un bassin de forme rectangulaire est terminé à ses deux extrémités par une demi-circonférence; la longueur totale est de 40 mètres, et sa largeur de 12 mètres; quelle est sa contenance s'il a une profondeur de 2^m25?

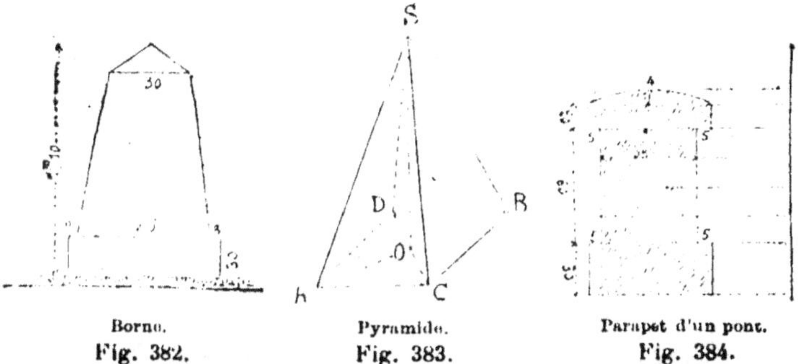

Borne.
Fig. 382.

Pyramide.
Fig. 383.

Parapet d'un pont.
Fig. 384.

427. Une borne en pierre est formée d'un tronc de pyramide quadrangulaire surmonté d'une petite pyramide et sur une base prismatique. Les dimensions sont indiquées sur le croquis (fig. 382). Son prix s'évalue à l'aide de la surface et à l'aide du volume après la taille, à raison de 8 fr. le mèt. carré de taille vue et 48 fr. le mèt. cube de pierre; calculer son prix de revient sachant que le transport et la pose se sont élevés à 12 fr. 50.

428. Une pyramide de 12 décimètres de hauteur, et dont le volume est de 96 décimètres cubes, a pour base un losange dont l'une des diagonales est égale aux $^3/_4$ de l'autre; on demande : 1° la longueur de chaque diagonale; 2° la surface du cercle inscrit dans le losange de la base.

429. Trouver le volume de la pierre qui est entrée dans la construction des deux parapets d'un pont de 30 mètres de long, et dont le profil présente la forme et les dimensions indiquées sur le croquis ci-dessus (fig. 384).

Grille en fer.
Fig. 385.

Bassin.
Fig. 386.

430. On a fait peindre une grille en fer au minium et à la couleur verte, à raison de 0 fr. 40 le mèt. carré; à combien revient le travail, les dimensions étant celles indiquées sur la figure ci-dessus?

(Les grilles en fil de fer maillé jusqu'à 0^m03 de vide sont mesurées pleines sur deux faces c'est le cas du problème actuel.)

431. Quelle est la surface d'un bassin de forme rectangulaire de 30 mètres de long et 9 mètres de large? Il renferme en son milieu une pelouse circulaire de 9 mètres de diamètre.

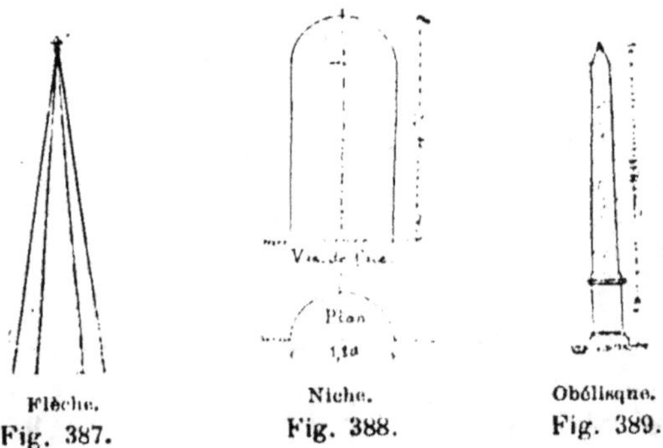

Flèche.   Niche.   Obélisque.
Fig. 387.   Fig. 388.   Fig. 389.

432. Quelle est la surface latérale de la vieille flèche de la cathédrale de Chartres, étant donné qu'elle a la forme d'une pyramide octogonale régulière d'une hauteur de 48 mèt., et que l'octogone régulier qui lui sert de base a un apothème de 6 mètres de longueur et un rayon de 6^m60 ?

433. Combien doit-on payer pour la peinture intérieure d'une niche demi-cylindrique et demi-sphérique, à raison de 1 fr. 75 le mètre carré, si la niche a une hauteur totale de 4^m10 et une largeur de 1^m80 ?

434. L'obélisque de la place de la Concorde, à Paris, se compose d'une partie principale ayant la forme d'un tronc de pyramide à bases carrées, ayant 19^m66 de hauteur, dont les côtés des bases ont respectivement 2^m42 et 1^m54, et d'un pyramidion de 1^m94 de hauteur ; on demande le poids de ce bloc de granit dont la densité est 2,75.

Bassin.   Bassin.
Fig. 390.   Fig. 391.

435. Un bassin de forme rectangulaire a une longueur totale de 36 mètres sur une largeur de 9 mètres ; son milieu présente une circonférence qui circonscrit un carré de 9 mètres de côté. Calculer : 1° le périmètre du bassin ; 2° la surface du bassin ; 3° la contenance du bassin, en supposant que la profondeur est de 1^m75.

436. Un bassin a une forme rectangulaire de 40 mètres de long sur 8 mètres de large, le milieu présente une circonférence de 8 mètres de rayon ; calculer : 1° le périmètre du bassin ; 2° la surface du bassin ; 3° la contenance du bassin exprimée en hectolitres, en supposant que la profondeur est de 2^m40.

Vase en fer battu.
Fig. 392.

Canal.
Fig. 393.

437. Un vase en fer battu a les dimensions indiquées sur le croquis ci-dessus; quelle est sa contenance en litres et quelle est sa surface latérale?

438. Un canal d'irrigation d'une longueur de 36 mètres a la forme et les dimensions indiquées sur la figure ci-contre, qui représente sa coupe. On demande : 1º combien il a fallu enlever de tombereaux de terre, si chaque voiture mesure 1 mèt. cube 150; 2º le prix du canal, si chaque voiture de terre enlevée a coûté 1 fr. 50 pour le terrassement et le transport ; 3º quelle serait la dépense pour couvrir le canal en dalles, si chaque dalle doit porter de 0m06 sur chaque côté et si elles se payent, pose et taille comprises, 5 fr. 25 le mèt. carré.

439. Un tapis circulaire de laine noire est bordé d'une bande de laine rouge formant couronne; la surface totale du tapis et de la couronne est de 9847 centimètres carrés, celle de la couronne seule est de 1356 centimètres carrés; trouver le rayon du cercle formé par la laine noire.

440. Quel est le périmètre d'un bassin d'une longueur totale de 55 mètres et d'une largeur de 10 mètres, sachant que ce bassin est terminé par deux demi-cercles à ses extrémités, et dont le milieu est un carré de 15 mètres de côté?

441. Un tronc d'arbre à peu près cylindrique a 1m20 de contour et 4m75 de longueur; calculer le volume de la poutre carrée que l'on peut retirer de ce tronc d'arbre.

442. Supposez une pile de 30 pièces de 20 fr. ayant chacune une épaisseur 1 ½ millimètre et un diamètre de 21 millimètres déterminez le volume du cylindre ainsi formé.

443. Calculer la surface d'une ove construite sur un diamètre de 1m 60.

444. Une boîte rectangulaire en fer-blanc a 0m75 de long sur 0m60 de large et 0m40 de hauteur; quelle est la hauteur de la partie vide quand on y a versé 1 hectolitre 35 d'eau?

445. Un carré a une surface de 431 mèt. carrés; quelle est la longueur de la perpendiculaire menée d'un sommet sur la diagonale?

446. Quelle est la capacité en hectolitres d'un bassin de forme rectangulaire terminé par deux demi-circonférences à ses extrémités, qui aurait 28 mètres pour sa longueur totale et 8 mètres de largeur, déduction faite de la surface d'une pelouse circulaire de 8 mètres de diamètre?

447. Un jardinier vient de tracer une ellipse de 6^{m}30 de grand axe, et de 4^{m}10 de petit axe; il désire savoir combien il lui faut de pieds de géraniums pour former un massif, étant donné qu'il faut en moyenne 6 pieds par mètre carré.

448. Quel est le volume d'une sphère dont le rayon égale la diagonale d'un carré de 0^{m}60 de côté ?

449. Un pain de sucre a 0^{m}30 de diamètre au cercle de sa base et 0^{m}50 de hauteur; combien payera-t-on ce pain de sucre à raison de 1 fr. 30 le kilogr., la densité du sucre étant 1,2?

450. La grande pyramide d'Égypte a environ 140 mètres de haut et 240 mètres pour le côté du carré de base; trouver : 1° la longueur du mur que l'on construirait avec les matériaux de cette grande pyramide, si le mur avait 0^{m}75 de profondeur en fondation, 2^{m}25 en élévation, et 0^{m}50 d'épaisseur; 2° à quelle hauteur s'élèverait une pyramide quadrangulaire de 100 mètres de côté, construite avec les mêmes matériaux.

NOTIONS D'ARPENTAGE

CHAPITRE I

INSTRUMENTS D'ARPENTAGE

1. *L'arpentage* est l'art de mesurer la superficie d'un terrain.

2. Les principaux instruments employés en arpentage sont : les *jalons*, la *chaîne*, les *fiches* et l'*équerre d'arpenteur*.

3. Jalons. Les *jalons* sont des tiges de bois de 1^{m}50 à 2 mètres de longueur, et de 3 à 4 centimètres d'épaisseur.

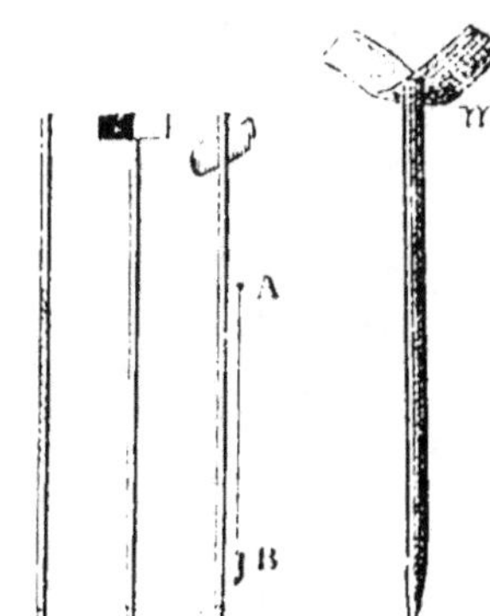

Jalons.

Fig. 1, 2, 3, 4.

Ils servent à indiquer les alignements sur le terrain.

Pour qu'un jalon puisse être aperçu d'assez loin, on le divise en trois parties égales : le premier et le troisième tiers sont peints en blanc, et l'intermédiaire est peint en rouge (fig. 1); d'autres fois, la partie supérieure porte une planchette peinte en deux couleurs et nommée *voyant* (fig. 2).

On remplace quelquefois ce voyant par une simple feuille de papier blanc insérée dans une fente pratiquée à la partie supérieure du jalon (fig. 3).

Cette feuille de papier pourrait être colorée en rouge sur une face, pliée ensuite à angle droit, et disposée sur le jalon comme l'indique la figure 4.

4. Chaîne d'arpenteur. La *chaîne d'arpenteur*, appelée aussi

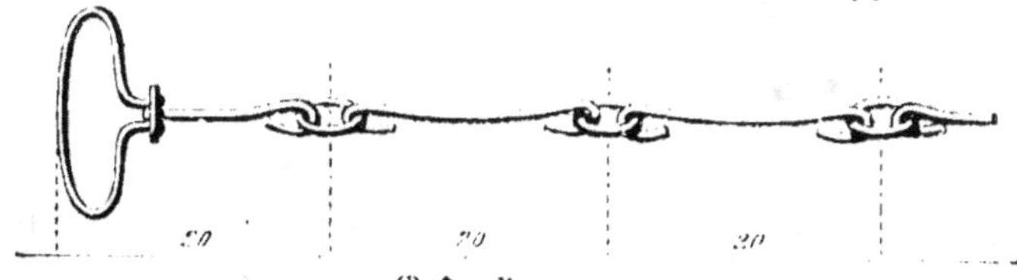

Chaîne d'arpenteur.

Fig. 5.

décamètre, est une mesure de longueur de 10 mètres, composée de cinquante chaînons en gros fil de fer, dont le premier et le dernier sont terminés par une poignée ; ils sont réunis bout à bout par des anneaux de même métal.

Un chaînon et la moitié des deux anneaux adjacents égalent 20 centimètres. Chaque poignée avec le chaînon qui l'accompagne et la moitié de l'anneau qui le suit forment une longueur de 20 centimètres.

Les mètres sont indiqués par des anneaux en cuivre, et la moitié du décamètre, par une petite tige de fer suspendue à l'anneau.

5. A défaut de chaîne, on peut se servir d'un *décamètre ruban* ou *roulette*, ou même d'un cordeau sur lequel on marquerait 10 mètres.

Roulette.
Fig. 6.

6. Fiches. Les *fiches* sont des tiges de fer de 20 à 40 centimètres de longueur ; elles sont recourbées en anneau à l'une de leurs extrémités ; l'autre extrémité, terminée en pointe, est destinée à pénétrer dans la terre (fig. 7).

On emploie les fiches lorsqu'on mesure avec la chaîne d'arpenteur.

7. Équerre d'arpenteur. L'*équerre d'arpenteur* est un instrument qui sert à mener des perpendiculaires sur le terrain. Elle a la forme d'un prisme octogonal régulier, creux dans l'intérieur.

Fig. 7.

Les huit faces sont munies chacune d'une fenêtre verticale appelée *pinnule* ; quatre d'entre elles A, B, C, D, qui se croisen

Équerre.
Fig. 8.

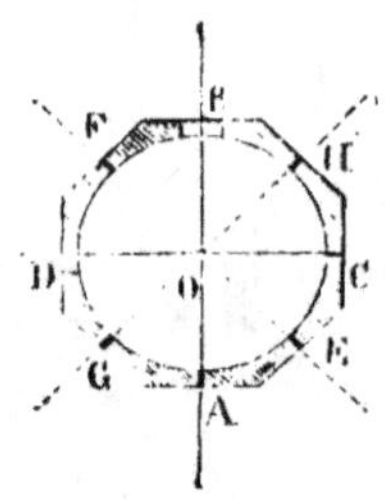

Coupe horizontale.
Fig. 9.

a angle droit, portent en outre des fenêtres rectangulaires. Un crin ou un fil très fin est tendu verticalement au milieu de chaque fenêtre dans le prolongement de la fente. Les quatre autres G, H, F, E (fig. 9), qui font des angles de 45° avec les premières et des angles droits entre elles, ont de simples fentes longitudinales.

L'équerre d'arpenteur porte une douille I. ou cylindre creux dans lequel peut pénétrer l'extrémité supérieure du pied de l'équerre.

8. Pied d'équerre. Le *pied d'équerre* est une tige de 1^m20 à 1^m40, ferrée à l'extrémité qui doit être enfoncée dans le sol.

Lorsqu'on opère sur un terrain rocailleux, on emploie un pied à trois branches.

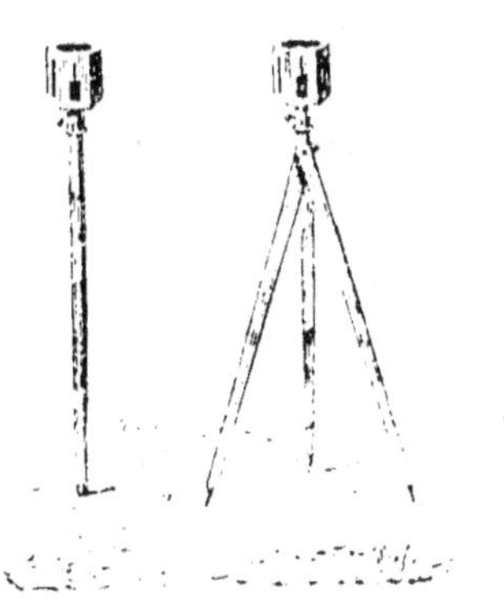

Pieds d'équerre.

Fig. 10.   Fig. 11.

Planchette-équerre.

Fig. 12.

9. A défaut d'équerre d'arpenteur, on peut se servir d'une planchette carrée, un peu épaisse, traversée par deux traits de scie perpendiculaires entre eux. Des aiguilles, plantées aux deux extrémités des diagonales, permettent de mener des angles de 45°.

CHAPITRE II

DES ALIGNEMENTS

10. Un *alignement* est une suite de points de la surface du sol situés dans un même plan vertical.

Dans la pratique, un alignement se nomme une *ligne droite*.

Une ligne est dite *tracée sur le terrain*, lorsque quelques-uns de ses points sont indiqués par des jalons.

Pour les lignes qui ont peu d'étendue, il suffit d'un jalon à chaque extrémité; mais si la distance est considérable, on place des jalons intermédiaires.

§ I. — Tracé des alignements.

11. *Jalonner une droite entre deux points donnés A et B.*

Soit la ligne AB, dont on marque les points extrêmes par deux jalons A et B fixés verticalement.

Pour faire placer un jalon intermédiaire, l'arpenteur se place derrière le jalon A, et à peu de distance; puis il vise dans la direction AB, et fait planter par un aide-arpenteur le jalon C, de manière que celui-ci cache le jalon du point B. Ce jalon se trouvant ainsi sur le rayon visuel qui va de A vers B, fait partie de la droite AB.

Manière de jalonner une droite.

Fig. 13.

Ce premier jalon intermédiaire n'est placé qu'après quelques tâtonnements. L'arpenteur, par un mouvement de main, indique à son aide, s'il y a lieu, que le jalon doit être porté vers la droite ou vers la gauche. En abaissant la main il fait connaître que le jalon est bien placé et qu'il doit le fixer.

Autre manière de jalonner une droite.

Fig. 14.

12. Remarque. Dès qu'un premier jalon intermédiaire C a été placé, l'arpenteur place facilement, seul un autre jalon intermédiaire D, en se mettant dans la direction AC, de manière que le jalon D cache les jalons A et C déjà plantés.

13. *Prolonger un alignement.* Pour prolonger l'alignement AB déjà tracé, on place successivement les jalons C, D, E, en se maintenant dans l'alignement des jalons A et B préalablement placés.

Manière de prolonger un alignement.
Fig. 15.

14. *A l'aide de l'équerre, placer un jalon intermédiaire E dans un alignement déterminé par deux points A et B.*

Un opérateur seul peut, à l'aide de l'équerre, trouver la place d'un jalon intermédiaire entre deux jalons extrêmes A et B d'un alignement.

Jalon placé à l'aide de l'équerre.
Fig. 16.

Pour cela, il fixe verticalement le pied de l'equerre en un point E qu'il suppose être dans l'alignement. Il vise le jalon A. Puis, sans déranger l'instrument, il se place du côté opposé de l'équerre et examine si le jalon B répond à l'alignement. Si cela n'a pas lieu, il modifie la position de l'instrument. Un ou deux tâtonnements suffisent pour trouver la place du jalon.

Jalonner deux points.
Fig. 17.

15. *Jalonner une ligne dont les deux extrémités A et B sont invisibles l'une à l'autre.*

On examine si le terrain offre, dans la direction de la droite, un espace intermédiaire d'où l'on puisse découvrir à la fois les deux jalons extrêmes, et, dans cet espace, on cherche, en tâtonnant, un point tel que, l'équerre d'arpenteur y étant dressée, on puisse apercevoir les deux jalons dans la direction d'un même diamètre, l'un d'un côté, l'autre de l'autre. On fait ensuite planter de chaque côté un nombre suffisant de jalons intermediaires.

§ II. — Mesure des lignes.

16. Problème. *Mesurer sur le terrain une ligne horizontale.*

Arpenteur.   Porte-chaîne.

Fig. 18.

La droite à mesurer étant jalonnée, l'arpenteur se place à l'une des extrémités de la ligne et appuie contre le premier jalon A une des poignées de la chaîne, qu'il tient de la main gauche. L'aide-arpenteur ou porte-chaîne tient l'autre poignée de la main gauche et les fiches de la main droite; il marche dans la direction donnée jusqu'à ce que le décamètre soit parfaitement tendu horizontalement. Si alors il n'est pas dans l'alignement, l'arpenteur l'y ramène par un signe de la main.

Manière de placer les fiches.
Fig. 19.

Le porte-chaîne enfonce une fiche dans le sol de manière qu'elle soit tangente à l'intérieur de la poignée, et les deux opérateurs, relevant la chaîne, se remettent en marche dans la direction de l'alignement, en évitant de déranger la fiche par le frottement de la chaîne.

6 — COURS MOYEN.

L'aide-arpenteur ou porte-chaîne doit toujours se maintenir dans la direction de l'alignement à mesurer, et, s'il s'en écarte, l'arpenteur lui fait signe d'appuyer à gauche ou à droite.

Si le porte-chaîne n'a pas deux jalons devant lui, il doit se donner au delà du dernier jalon un point de la droite pour repère, comme serait un arbre, une maison, etc., afin de s'empêcher de dévier.

Base productive.
Fig. 20.

17. Base productive. La surface d'un terrain présente en général des ondulations dont la mesure pourrait offrir quelques difficultés. Mais comme dans les terrains en pente les eaux pluviales, qui ne peuvent y séjourner, entraînent la terre végétale, en sorte que ces terrains sont moins productifs que ceux qui sont horizontaux, et que de plus, les végétaux croissent verticalement, et non perpendiculairement au sol; il en résulte qu'un terrain, quelle qu'en soit la pente, ne peut contenir plus de végétaux que s'il était de niveau. C'est pour cela que dans la mesure des terres on s'occupe, non de leur superficie réelle, mais de leur *base productive*.

On appelle *base productive d'un terrain* la projection horizontale* de ce terrain, ou, en d'autres termes, l'étendue qu'on obtient en abaissant, des divers points de son contour, des perpendiculaires sur un même plan horizontal que l'on suppose mené par le point le plus bas du terrain. On admet que cette base productive rapporte autant que le terrain en pente.

---

* *La projection d'un point* M sur un plan est le pied *m* de la perpendiculaire abaissée de ce point sur le plan.

La projection d'une ligne droite AB sur un plan est la droite *a b* située sur le plan, et déterminée par les deux perpendiculaires abaissées des extrémités de la droite sur le plan.

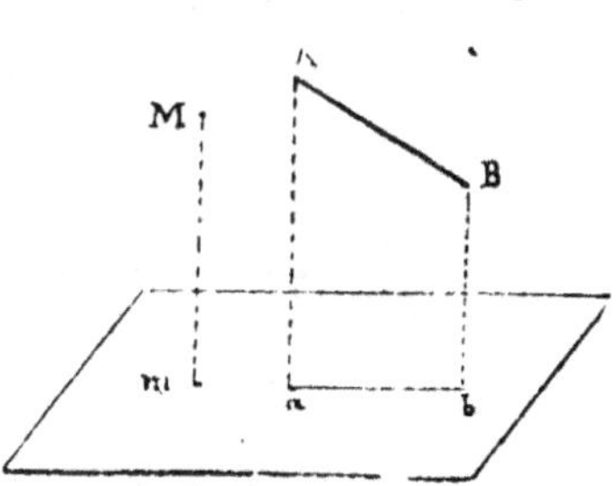

m, projection du point M ;
ab projection de la ligne AB.
Fig. 21.

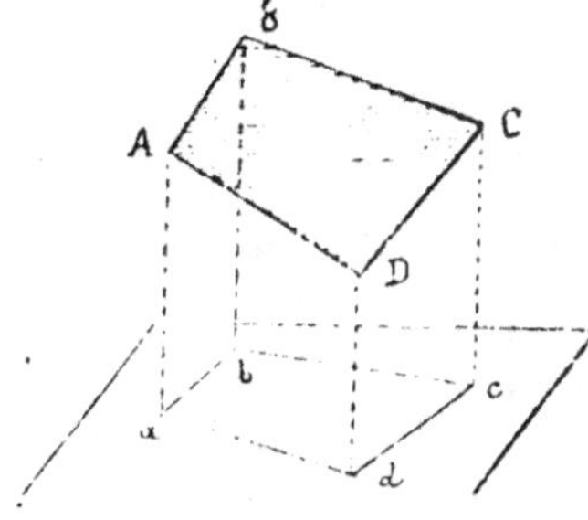

abcd, projection du polygone ABCD.

Fig. 22.

La projection d'un polygone A B C D sur un plan est la figure *a b c d*, obtenue en abaissant sur le plan des perpendiculaires des différents sommets du polygone (fig. 22).

C'est afin d'obtenir la surface de la base productive qu'un alignement en pente *se mesure toujours horizontalement.*

Mesure d'un alignement en pente.
Fig. 23.

18. *Mesurer un alignement non horizontal AB.*

Toutes les lignes du terrain doivent être rapportées à leurs projections horizontales.

Pour mesurer l'alignement AB, on opère de la manière suivante :

L'arpenteur applique au point A une des extrémités de la chaîne ; l'aide tend la chaîne de manière à la tenir horizontalement suivant AD ; et, pour déterminer le point E du sol qui correspond à l'extrémité D du décamètre, il laisse tomber verticalement une fiche, ou même une petite pierre. L'aide plante une fiche au point E ainsi déterminé.

On procède d'une manière analogue pour obtenir les autres longueurs EF, GH... La somme des horizontales AD, EF, GH est la longueur cherchée.

La ligne ainsi mesurée représente la longueur horizontale A'B, qui est la projection de AB.

19. Remarque I. Lorsque la pente est considérable, on plie la chaîne en deux, et l'on mesure des horizontales n'ayant que 5 mètres de longueur. Dans ce cas, on compte par demi-décamètres.

20. Remarque II. Pour chaîner une ligne en pente, on prend pour point de départ le point le plus élevé de la ligne.

21. Vérification du chaînage d'une ligne. Pour vérifier le résultat obtenu dans le chaînage d'une ligne, on la mesure une seconde fois. Si les résultats sont différents, on prend la moyenne des longueurs trouvées comme longueur de la ligne mesurée.

Ainsi, supposons qu'un premier chaînage d'une ligne ait donné $64^m 35$, et un deuxième $64^m 45$; la longueur de la ligne sera la moyenne de ces deux nombres, c'est-à-dire :

$$\frac{64^m 35 + 64^m 45}{2} = 64^m 40.$$

§ III. — Tracé des perpendiculaires.

22. *Par un point pris sur une droite, mener une perpendiculaire à cette droite.*

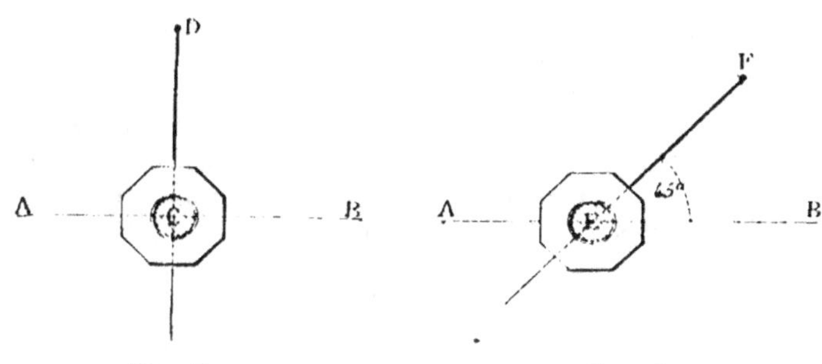

Fig. 24.   Fig. 25.

Pour élever une perpendiculaire en un point C sur une ligne jalonnée AB (fig. 24), on place verticalement l'équerre au point donné C, puis on la fait tourner jusqu'à ce que deux pinnules opposées soient dans la direction AB; la direction des deux autres pinnules donne la perpendiculaire cherchée, sur laquelle on fait planter un jalon D.

Remarque. On opère d'une manière analogue pour mener au point E une droite EF, faisant avec AB un angle de 45° (fig. 25).

23. *Sur une droite donnée, mener une perpendiculaire qui passe par un point extérieur donné.*

Pour mener du point extérieur D une perpendiculaire sur une droite jalonnée AB, on dispose l'équerre de manière que deux pinnules opposées soient dirigées suivant AB; on promène ensuite l'équerre le long de AB, en la tenant constamment dans la même position, jusqu'à ce que le point D soit sur la direction des deux autres pinnules. Le pied de l'équerre appartient alors à la perpendiculaire demandée.

Remarque. On opère d'une manière analogue pour faire passer au point F une ligne faisant un angle de 45° avec l'alignement AB.

CHAPITRE III

ARPENTAGE DES TERRAINS

24. *Arpenter un terrain* c'est en chercher la superficie.

Avant d'arpenter un terrain, on le parcourt dans tous les sens pour en reconnaître la forme, et l'on trace à vue d'œil un plan approximatif nommé croquis, destiné à recevoir les lignes d'opération et les cotes provenant des mesures à la chaîne.

§ I. — Arpentage à la chaîne et à l'équerre.

I. Arpentage d'un terrain triangulaire.

25. Pour obtenir la surface du terrain triangulaire ABC, on détermine à l'aide de l'équerre la hauteur BD du triangle (fig. 26). On mesure à la chaîne les lignes AC et BD, base et hauteur du triangle, on fait le produit des deux nombres, et l'on prend la moitié du résultat.

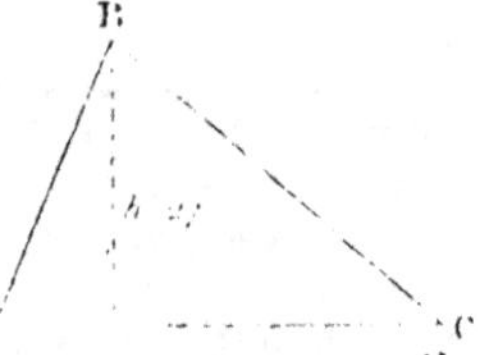

Terrain triangulaire.
Fig. 26.

$$\text{Surface} = \frac{B \times h}{2} = \frac{49,8 \times 27}{2} = 672^{\text{mq}}3.$$

II. Arpentage d'un terrain polygonal.

26. Pour arpenter un terrain polygonal, on peut employer un des deux procédés suivants :

1° On décompose le terrain en triangles;

2° On décompose le terrain en triangles rectangles et en trapèzes rectangles.

27. Premier procédé. *Par décomposition en triangles.* On décompose le terrain polygonal en triangles dont on détermine les hauteurs à l'aide de l'équerre, et l'on mesure la base et la hauteur de chaque triangle.

Ainsi, pour arpenter le champ ABCDE, on jalonne les diagonales AC et AD; on mène les perpendiculaires BH, DI et EF, que l'on mesure ainsi que les diagonales AC et AD. On fait ensuite les calculs en prenant pour chaque triangle la moitié du produit de la base par la hauteur.

$$\text{Triangle } ABC = \frac{80,2 \times 28,6}{2} = 1146,86$$

$$\text{«} \quad ACD = \frac{80,2 \times 50,15}{2} = 2011,01$$

$$\text{«} \quad ADE = \frac{64,40 \times 22,50}{2} = 724,50$$

Surface totale   3882,37

Soit   38 ares 82 cent.

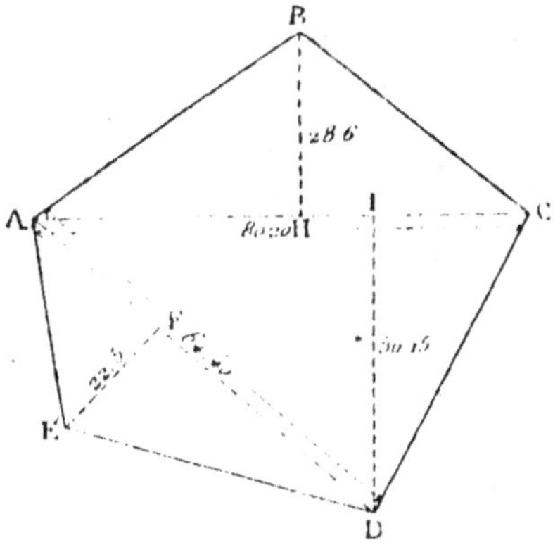

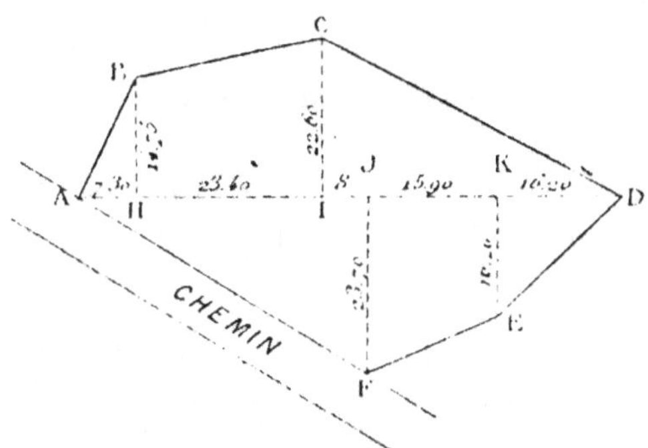

Terrain décomposé en triangles.

Fig. 27.

28. Deuxième procédé. *Par décomposition en triangles rectangles et en trapèzes rectangles.* On jalonne la diagonale AD, sur laquelle on abaisse des perpendiculaires des sommets B, C, E, F.

Terrain décomposé en triangles rectangles et en trapèzes rectangles.

Fig. 28.

On met un jalon au pied des perpendiculaires. On place aussi des jalons à tous les sommets. On mesure les perpendiculaires et les différentes longueurs marquées sur la diagonale AD. On calcule ensuite la surface des triangles rectangles et des trapèzes rectangles.

On peut disposer ces calculs sous forme de tableau.

Tableau des calculs.

DÉSIGNATION	h	$\dfrac{B + B'}{2}$	PRODUIT
Triangle ABH	7,3	$\dfrac{14,75}{2}$	53,84
Trapèze HBCI	23,4	$\dfrac{14,75 + 22,6}{2}$	436,99
Triangle ICD	40,1	$\dfrac{22,6}{2}$	453,13
Triangle KDE	16,2	$\dfrac{16,2}{2}$	131,22
Trapèze JKEF	15,9	$\dfrac{16,2 + 23,7}{2}$	317,21
Triangle FJH	38,7	$\dfrac{23,7}{2}$	458,59
		Surface totale	1 850^{mq},98

11. — Arpentage des terrains limités par des courbes.

29. Le périmètre des terrains à arpenter peut être formé en totalité ou en partie de lignes courbes; dans ce cas, on ne peut avoir la surface des terrains que d'une manière approximative.

Soit un champ limité par un ruisseau dans la partie ABFR.

Pour l'arpenter, on mène les droites AB, AF, FR, assez rapprochées du périmètre sinueux, et l'on obtient le polygone ABCDEF, que l'on arpente par un des deux procédés indiqués.

Pour obtenir la surface des parties courbes, on élève des perpendiculaires sur AB, AF, FR, de manière à obtenir sensiblement des triangles rectangles et des trapèzes rectangles. Les perpendiculaires doivent être d'autant plus rapprochées, que la courbe est plus prononcée.

Lorsque les perpendiculaires sont très courtes, on peut les mener à vue d'œil, sans le secours de l'équerre.

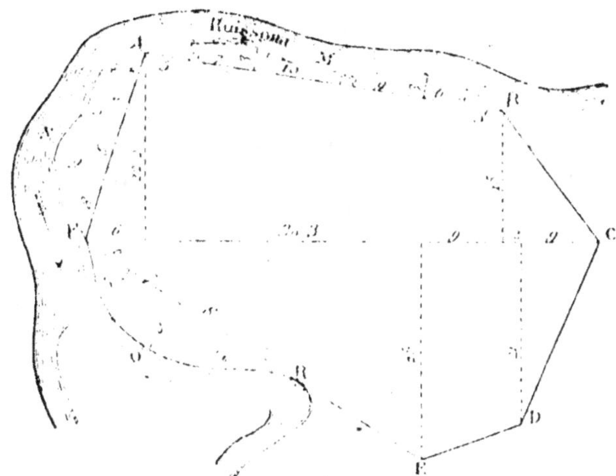

Terrain limité en partie par une courbe

Fig. 29.

Calculs.

Surface A M B.	Surface A N P.	Surface F O R.	Surface A F R E D C R.
$\dfrac{3 \times 2}{2} = 3$	$\dfrac{4 \times 4}{2} = 8$	$\dfrac{6 \times 5}{2} = 15$	$\dfrac{15 \times 11}{2} = 82{,}50$
$\dfrac{2+3}{2} \times 6 = 15$	$\dfrac{4+5}{2} \times 5 = 22{,}50$	$\dfrac{5+9}{2} \times 7 = 49$	$\dfrac{15+22{,}2}{2} \times 39{,}3 = 730{,}48$
$\dfrac{1{,}5+3}{2} \times 9 = 20{,}25$	$\dfrac{5+9}{2} \times 6 = 42$	$\dfrac{9+4}{2} \times 8 = 52$	$\dfrac{6 \times 22{,}2}{2} = 66{,}60$
$\dfrac{1{,}5+3}{2} \times 10 = 22{,}50$	$\dfrac{9 \times 8}{2} = 36$	$\dfrac{7 \times 4}{2} = 14$	$\dfrac{36{,}3 \times 25}{2} = 453{,}75$
$\dfrac{2+3}{2} \times 7 = 17{,}50$			$\dfrac{25+21}{2} (9+2) = 253$
$\dfrac{2 \times 5}{2} = 5$			$\dfrac{9 \times 21}{2} = 94{,}50$
83mq25	108mq50	130mq	1680mq83

Surface totale 83,25 + 108,50 + 130 + 1 680,83 = 2002mq58

LEVÉ DES PLANS

30. Le *levé des plans* a pour but de reproduire sur le papier une figure semblable à celle du contour du terrain.

Pour faire un plan on se sert d'une échelle graphique.

31. Échelle graphique. On appelle *échelle graphique* ou simplement échelle, une droite divisée en parties égales dont chaque division représente 1 mètre sur le terrain (fig. 30).

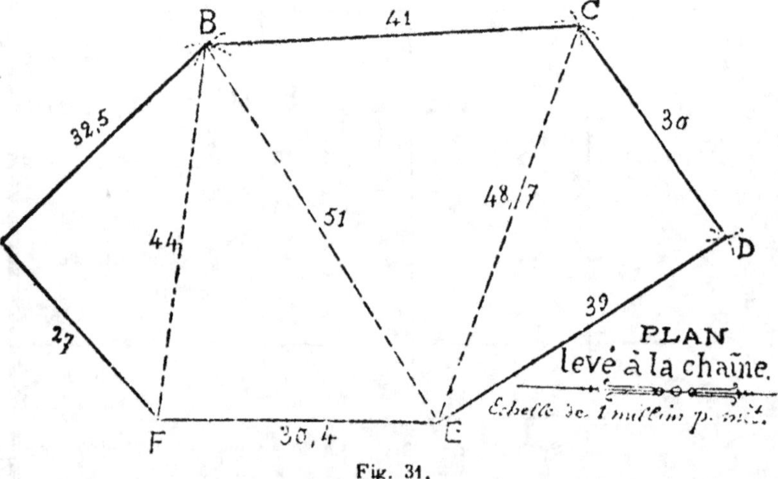

Fig. 30.

La première de ces échelles peut être remplacée par le double décimètre à biseau employé en dessin.

La plupart des plans se font à l'échelle de 1 millimètre pour mètre.

Levé des plans à la chaîne.

32. *Pour lever un plan à la chaîne*, on décompose le terrain

Fig. 31.

en triangles à l'aide des diagonales; on mesure les côtés de tous les triangles, et on inscrit ces mesures sur un croquis.

On reproduit ensuite à l'échelle graphique les différents triangles, connaissant les trois côtés. (Voir *Géom.*, n° 235.)

Le plan ci-dessus (fig. 31), est fait à l'échelle de 1 millimètre pour mètre.

Côtés.	Diagonales
AB. . . 32,5	. . . .
BC. . . 41	BF. . . 44
CD. . . 30	DE. . . 51
DE. . . 39	CE. . . 48,7
EF. . . 30,4	. . . .
FA. . . 27	. . . .

Au lieu d'écrire les mesures sur le croquis, on peut former un tableau.

Fig. 32.

Levé des plans à l'équerre.

33. *Pour lever à l'aide de la chaîne et de l'équerre le plan d'un terrain* on le décompose en triangles rectangles et en trapèzes rectangles, comme il a été indiqué à l'arpentage (n° 28).

On jalonne une diagonale ou directrice sur laquelle on abaisse des perpendiculaires de chacun des sommets du polygone. On mesure les perpendiculaires et les différentes longueurs marquées sur la diagonale, et on marque toutes les mesures sur un croquis.

Fig. 33. 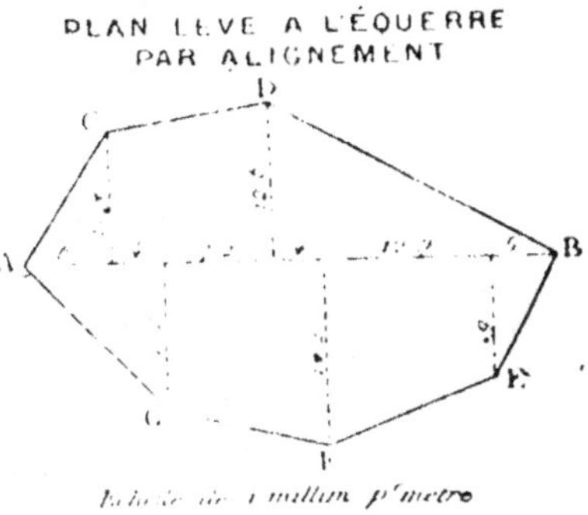   Fig. 34.

Soit à relever, à l'échelle de 1 millimètre 5 pour mètre, le plan d'un terrain mesuré à l'aide de la chaîne et de l'équerre, et don le croquis est donné par la figure ci-dessus.

Sur une ligne AB (fig. 34), on porte successivement 6 millimètres, 4 millim., 7 millim. 2, etc., comme l'indique le croquis; et, par les points ainsi déterminés sur AB, on élève des perpendiculaires sur lesquelles on porte les longueurs correspondantes :

10 millimètres 4, 11,3 millimètres, 12,6 millimètres, etc. Tous
les sommets du polygone sont ainsi déterminés, et l'on n'a plus
qu'à les joindre deux à deux.

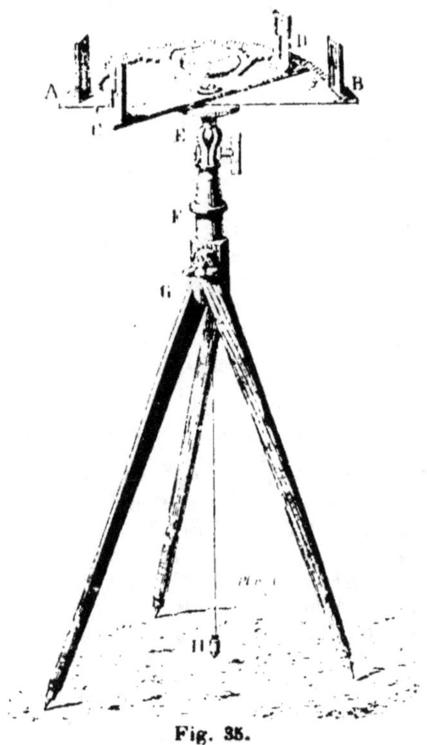

Fig. 35.

GRAPHOMÈTRE

34. Description. Le *graphomètre* est un instrument destiné à
mesurer les angles. Il se compose :

1° D'un *limbe* ou d'un *demi-cercle évidé*, en cuivre, de 8
à 12 centimètres de rayon, divisé en degrés et en demi-degrés.
La graduation est double et peut être lue dans les deux sens.

2° De *deux alidades* ou règles munies aux extrémités de deux
pinnules relevées à angle droit. Une de ces alidades est mobile
autour du centre du limbe; l'autre est fixe et dirigée suivant le
diamètre du limbe; elle se nomme *ligne de foi* ou de *collimation*.

Le limbe porte en son centre et en dessous une tige terminée
par une petite sphère serrée par deux coquilles, que l'on peut
écarter ou rapprocher à volonté à l'aide d'une vis. Cette articu-
lation, appelée *genou à coquilles*, permet de fixer le limbe dans
une position quelconque.

Les coquilles sont le prolongement d'un cylindre creux appelé *douille,* et destiné à recevoir l'axe d'un pied à trois branches. Les branches du trépied sont mobiles et peuvent être fixées à leur axe à l'aide d'une vis de pression G. Cette disposition permet d'employer le graphomètre sur un sol quelconque.

35. Manière de mesurer un angle à l'aide du graphomètre. Pour mesurer un angle CAB à l'aide du graphomètre, on plante

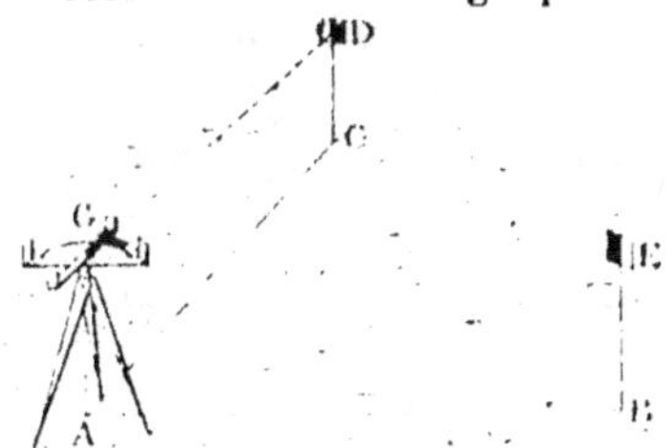

Mesure d'un angle.
Fig. 36.

deux jalons sur les côtés de l'angle, et l'on place le graphomètre de manière que le centre du limbe soit sur la verticale passant au sommet A de l'angle. On s'en assure à l'aide du fil à plomb. On dispose ensuite le limbe horizontalement à l'aide du niveau à *bulle d'air.* On dirige l'alidade fixe suivant le côté AB en visant le jalon EB, puis l'alidade mobile suivant le côté AC en visant le jalon DC. On lit ensuite sur le limbe du graphomètre le nombre de degrés de l'arc compris entre les deux alidades.

36. Lecture de l'angle sur le graphomètre. Les divisions du limbe du graphomètre permettent de lire les degrés et les demi-degrés. Les minutes s'évaluent à l'aide d'un arc divisé en 30 parties égales que porte l'alidade mobile à chacune de ses extrémités. Cet arc se nomme le *vernier du graphomètre.*

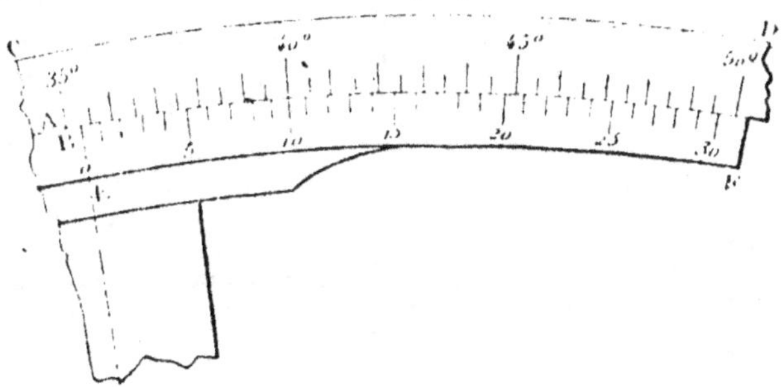

Vernier du graphomètre.
Fig. 37.

37. Vernier du graphomètre. Les 30 divisions du vernier n'en valent que 29 du limbe. La différence entre une division du vernier et une division du limbe est donc $^1/_{30}$ de division du limbe, ou $^1/_{30}$ de demi-degré, c'est-à-dire une *minute*.

Le zéro du vernier est sur la ligne de visée de l'alidade mobile.

Admettons que le zéro de l'alidade se trouve à la position marquée sur la figure, on lira sur le limbe 35°; mais il faut évaluer l'arc AB compris entre le 35° degré du limbe et le zéro du vernier. On examine pour cela quel trait du vernier est en ligne droite avec un trait du limbe. Ici c'est le dixième. Ainsi AB égale dix minutes.

En effet, si AB eût été égal à $\dfrac{1}{30}$ de demi-degré, c'est la première division du vernier qui aurait correspondu avec une division du limbe, puisqu'il faut ajouter $\dfrac{1}{30}$ à une division du vernier pour faire une division du limbe, si l'arc AB eût valu $\dfrac{2}{30}$ du demi-degré, c'est la deuxième division du vernier qui aurait correspondu à une division du limbe, et ainsi de suite. Donc le nombre de 30° compris dans AB est indiqué par la division du vernier, qui est en ligne droite avec une division du limbe. Ce nombre se lit sur le vernier.

Levé des plans au graphomètre.

38. Le levé des plans au graphomètre peut se faire par *rayonnement* ou par *cheminement*.

1° Par rayonnement. On place le graphomètre à une station centrale O, on évalue les angles formés par les rayons OA, OB, OC OD, OE, et l'on mesure la longueur de tous les rayons.

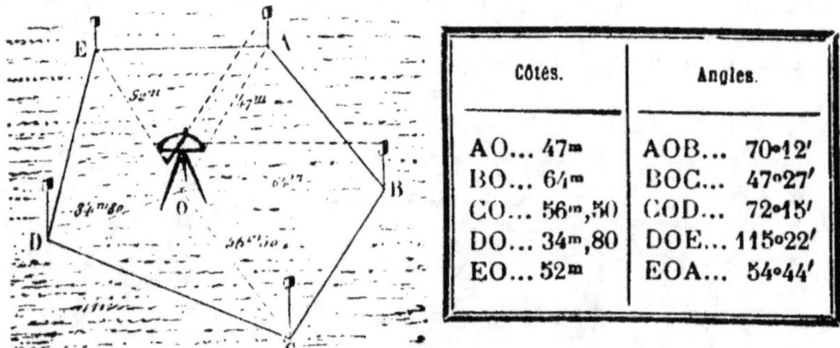

Côtés.	Angles.
AO... 47ᵐ	AOB... 70°12'
BO... 64ᵐ	BOC... 47°27'
CO... 56ᵐ,50	COD... 72°15'
DO... 34ᵐ,80	DOE... 115°22'
EO... 52ᵐ	EOA... 54°44'

Fig. 38.

Pour reproduire le plan, on construit en un même point les angles mesurés, et l'on porte sur les côtés de ces angles les longueurs correspondantes prises sur l'échelle adoptée.

2° Par cheminement. On transporte le graphomètre en A puis en B, et l'on mesure successivement tous les angles et tous les côtés ; on s'assure que la somme des angles donne autant de fois 2 angles droits que le polygone a de côtés moins deux.

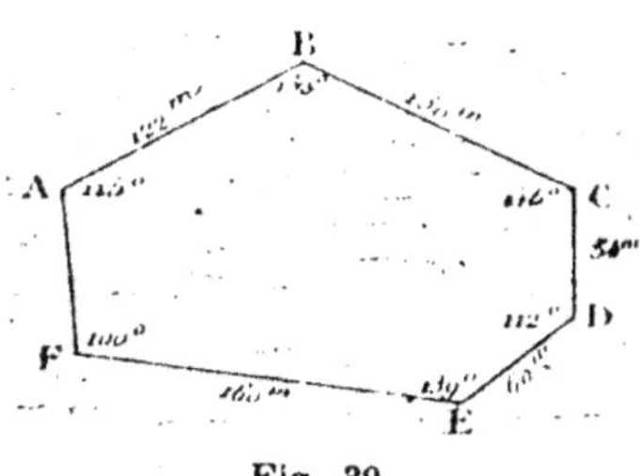

Fig. 39.

Pour reproduire le plan, on trace AB en prenant sa longueur sur l'échelle adoptée, puis on fait l'angle B de 138°, et ainsi de suite.

Ce procédé est surtout employé lorsqu'on ne peut pénétrer dans une propriété, comme un étang, un bois, etc.

MESURE DES DISTANCES INACCESSIBLES

A l'aide de la chaîne.

39. *Pour obtenir la distance entre deux points C et M séparés par un obstacle*, on peut procéder comme il suit :

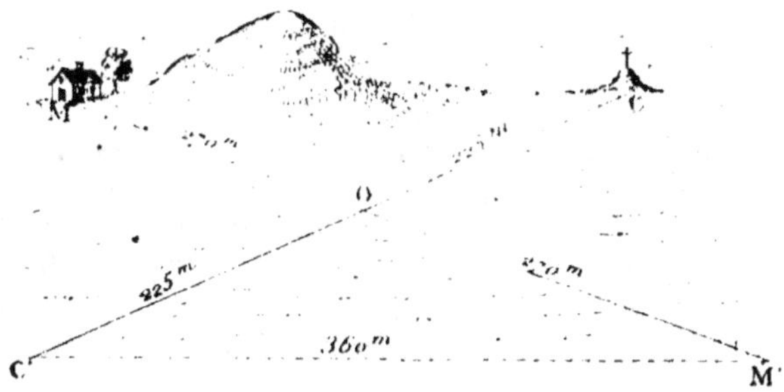

Distance des points MC.
Fig. 40.

On se place en un point O, d'où l'on puisse apercevoir à la fois M et C. On mesure OC, que l'on prolonge d'une longueur égale OC′ = OC. De même, on mesure OM, et l'on fait OM′ = OM. La mesure de C′M′ est aussi celle de CM ; car les deux triangles OCM et OC′M′ sont égaux comme ayant un angle égal compris entre deux côtés égaux chacun à chacun.

A l'aide de l'équerre.

40. 1ᵉʳ Procédé. *Soit à obtenir la distance* AB (fig. 41).

On fait en B un angle droit ABC ; puis on cherche, sur la perpendiculaire BC, un point C tel que l'angle ACB soit de 45°. Le triangle ABC est alors isocèle, et **AB = BC.**

En retranchant la longueur BD, on pourra avoir la largeur de la rivière.

Distance entre les points A et B.
Fig. 41.

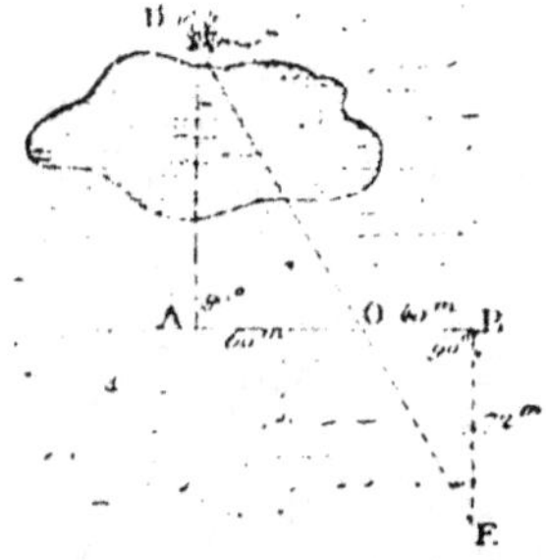

Distance entre les points D et A.
Fig. 42.

41. 2ᵉ Procédé. *Pour obtenir la mesure de* AD (fig. 42), on fait un angle droit DAB. On prend AB d'une longueur quelconque, et l'on mène BE perpendiculaire à AB et d'une longueur quelconque. On marque ensuite sur AB le point O, sur l'alignement DE, et l'on mesure AO, OB et BE. Alors les triangles semblables AOD, BOE, donnent la proportion suivante :

$$\frac{AD}{AO} = \frac{BE}{BO} \quad \text{ou} \quad \frac{AD}{60} = \frac{72}{40}$$

D'où   AB = 108 mètres.

A l'aide du graphomètre.

42. *Pour déterminer la distance de deux points inaccessibles* D *et* C (fig. 43), on prend une ligne AB comme *base d'opération;* on la mesure, ainsi que les angles en A et en B, formés par cette base et les visées dirigées de chacun de ces points vers C et D.

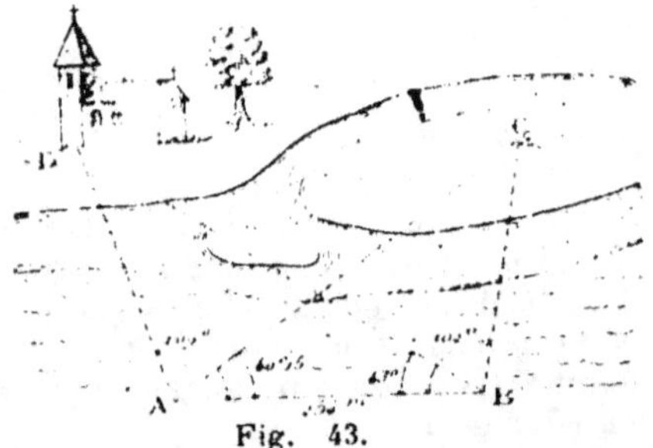

Fig. 43.

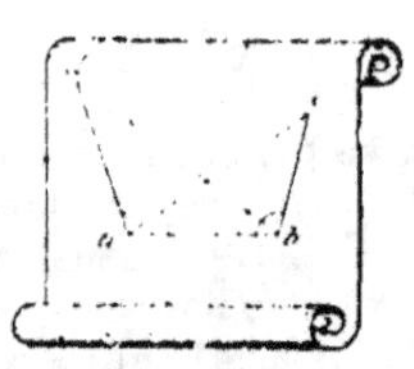

Fig. 44.

Distance entre les points D et C.

On reproduit ensuite graphiquement la figure ABCD en *abcd*, (fig. 44) en portant sur *ab* une longueur de 254 mètres à une échelle adoptée, et en faisant en *a* des angles de 109° et de 40°15', et en *b* des angles de 102° et de 43°. La distance *dc* est alors mesurée à la même échelle.

MESURE DES HAUTEURS

43. Mesurer une hauteur à l'aide de l'ombre. *Soit à mesurer la hauteur d'un arbre* AB (fig. 45).

On plante verticalement en terre un jalon d'une longueur déterminée ; on mesure son ombre, ainsi que celle de l'arbre. On a deux triangles semblables ABD et abd qui donnent la proportion suivante :

$$\frac{AB}{AD} = \frac{ab}{ad}$$

Dans l'exemple indiqué par la figure, on a pris un jalon de 1^m20, qui donne une ombre de 0^m50. L'ombre de l'arbre est de 6 mèt.

On peut écrire

$$\frac{AB}{6} = \frac{1,20}{0,5}$$

d'où l'on a :

$$AB = \frac{1,20 \times 6}{0,5} = 14^m40$$

La hauteur de l'arbre est de 14^m40.

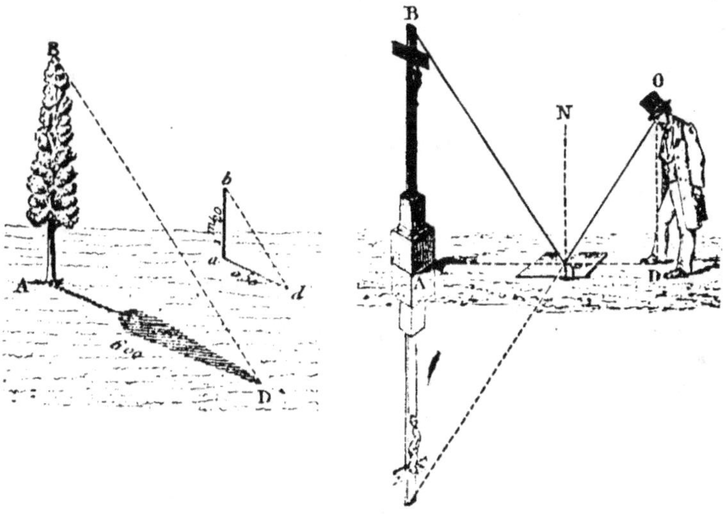

Hauteur d'un arbre.

Fig. 45.

Hauteur d'une croix.

Fig. 46.

44. Mesurer une hauteur à l'aide d'un miroir. *Soit à mesurer la hauteur d'une croix.*

On place un miroir horizontalement, à l'aide du niveau à bulle d'air ou même à l'aide d'une bille. On détermine le point H où vient se former l'image du sommet de la croix pour une position donnée de l'œil du spectateur. Les angles NHO et NHB sont égaux ; il en est de même de BHA et DHO. On a donc deux triangles rectangles semblables ABH et ODH. On mesure AH, HD et OD, et l'on écrit la proportion suivante :

$$\frac{AB}{AH} = \frac{OD}{HD} \quad \text{ou} \quad \frac{AB}{4,5} = \frac{1,50}{1,10}$$

d'où l'on a :   AB = 6^m 14

45. Remarque. Comme le miroir est difficilement placé dans une position horizontale, on peut le remplacer par un vase plein d'eau.

46. Moyen expéditif pour obtenir approximativement la hauteur d'un arbre. On prend deux règles égales formant équerre (fig. 47). On les dirige, en les tenant d'une main, de manière que les deux bords soient dans la direction du sommet de l'arbre, une des règles étant bien horizontale. On mesure les lignes AD et DE.

Le triangle de l'équerre étant isocèle, le triangle BFE l'est aussi. Par suite,

BF = EF = 17^m 50

La hauteur de l'arbre est donc 17^m 50, plus la hauteur ED, ou 1^m 20, soit 18^m 70.

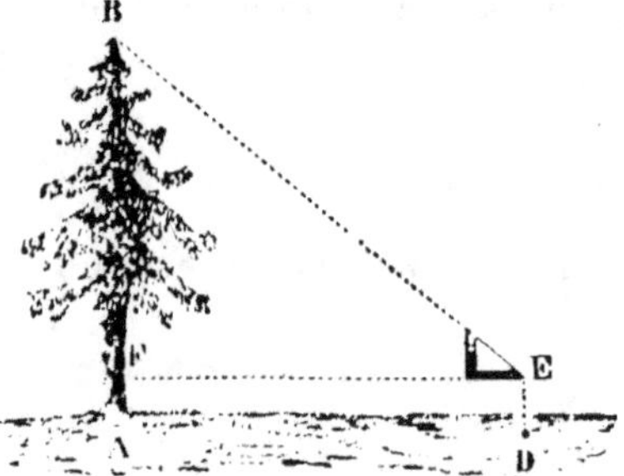

Hauteur approximative

Fig. 47.

A l'aide du graphomètre.

47. Manière de disposer le graphomètre. Dans la mesure des hauteurs inaccessibles on a souvent à mesurer des angles dont les plans sont verticaux.

Dans cette opération, 1° le limbe du graphomètre doit être dans un plan vertical, et 2° l'alidade fixe dirigée suivant une ligne horizontale.

Pour obtenir ce résultat, 1° l'opérateur se place d'abord à côté du graphomètre sur la direction de l'alidade fixe ; il présente à une petite distance le fil à plomb

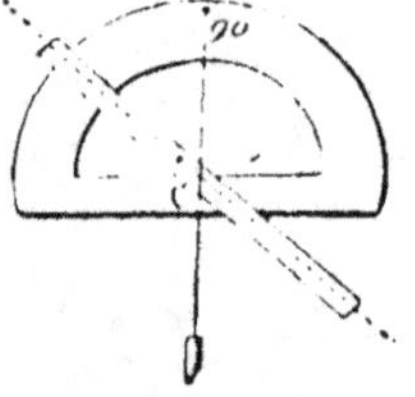

Fig. 48.

qui doit se projeter constamment le long de la surface du limbe, si cette surface est verticale ; 2° l'opérateur se place ensuite en face le limbe, et présente le fil à plomb devant le point marqué 90. Si l'alidade fixe est horizontale, le fil à plomb doit se projeter sur le centre C du limbe.

48. Mesurer la hauteur d'un édifice dont le pied est accessible. En un point F (fig. 49), on place le graphomètre de manière

que le limbe soit vertical et l'alidade fixe bien horizontale; puis
on mesure l'angle BDE. On mesure aussi la ligne AF.

Hauteur d'une tour.
Fig. 49.

Alors on peut construire graphiquement le triangle BED, et
l'on obtient la mesure de BE. En ajoutant 1ᵐ20 pour la hauteur
du graphomètre, on a AB ou la hauteur de la tour.

49. Remarque. Si l'on dispose le graphomètre de manière que
l'alidade mobile détermine un angle de 45°, et si l'on cherche un
point d'où l'on puisse viser le sommet avec l'alidade mobile ainsi
disposée, l'alidade fixe étant toujours horizontale, la hauteur
sera donnée immédiatement par ED, car alors le triangle BED
est isocèle, et BE = ED.

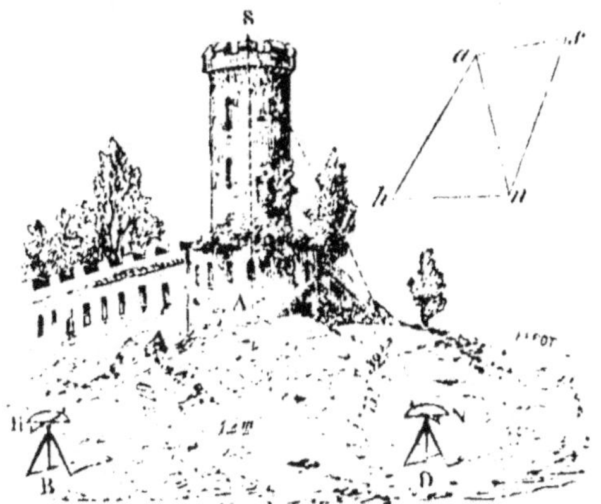

Hauteur d'une tour dont le pied est inaccessible.
Fig. 50.

50. Déterminer la hauteur d'un édifice dont le pied est inaccessible. *Soit à mesurer la hauteur d'une tour AS dont le pied est
inaccessible.*

On prend une base BD, horizontale autant que possible. Le
graphomètre, étant disposé horizontalement en B, et l'alidade

fixe dirigée suivant BD, on place l'alidade mobile de manière que le plan vertical déterminé par les pinnules passe par le sommet S. On a ainsi sur le limbe horizontal la mesure de l'angle AHN. On se transporte en D, et on mesure de même l'angle ANH. On évalue aussi l'angle vertical ANS. La base BD étant

Hauteur d'une montagne.

Fig. 51.

mesurée avec soin, on pourra construire le triangle *anh* ; sur le côté *an* de ce triangle on construira le triangle rectangle *ans*, et on obtiendra ainsi la ligne *sa*, qui, mesurée à l'échelle, donnera la hauteur SA.

51. Hauteur d'une montagne. Le procédé que l'on vient d'exposer peut servir à déterminer la hauteur d'une montagne.

On opère de la même manière en prenant une base d'opération BD.

NIVELLEMENT

52. *Le nivellement a pour but de déterminer la différence de niveau entre deux points du terrain.*

Fig. 52.

Deux points sont au même niveau lorsqu'ils sont sur un même plan horizontal.

EXEMPLE : B et D.

la hauteur au-dessus du niveau de la mer.

53. *L'altitude* d'un point est

Fig. 53.

On trouve sur quelques monuments et sur quelques points des routes nationales de petites plaques rondes en fonte sur lesquelles est marquée l'altitude.

La figure ci-contre représente une de ces plaques sur lesquelles on lit : *nivellement général de la France.* Le nombre placé au milieu indique que l'altitude de ce point est de 632^{m}718 au-dessus du niveau de la mer.

Aux stations des chemins de fer, on lit l'altitude sur la face de la gare donnant sur la voie.

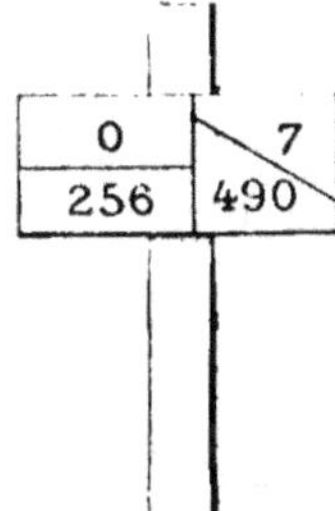

Fig. 54.

54. Dans les routes, chemins de fer. etc., on appelle *palier* toute partie de la voie qui est horizontale, *rampe* toute partie qui va en montant, et *pente* toute partie qui va en descendant.

Les paliers, les rampes et les pentes sont indiquées, sur les voies de chemin de fer, par des plaques placées sur des poteaux de peu de hauteur.

Des nombres y sont écrits sous forme de fraction.

Lorsque le trait de la fraction est horizontal ces nombres indiquent un palier ; lorsque le trait est oblique, ils indiquent à la fois une rampe et une pente suivant la direction.

Le numérateur indique la pente par mètre, et le dénominateur indique le parcours pendant lequel dure ce palier ou cette pente.

Ainsi, $\frac{0}{256}$ indique un palier de 256 mètres ; $_{490}|^7$ indique une pente de 7 millimètres par mètre qui se continue pendant 490 mètres.

DES INSTRUMENTS

Les instruments employés dans le nivellement sont le *niveau* et la *mire*.

§ I. — Niveau.

55. Niveau. Le niveau est un instrument qui sert à déterminer une direction horizontale.

56. Diverses espèces de niveaux. Les niveaux les plus employés sont le *niveau de maçon*, le *niveau d'eau* et le *niveau à bulle d'air*.

57. Niveau à perpendicule. Le *niveau de maçon* se compose de deux règles AB et BC, assemblées à angle droit et réunies par une traverse qui porte une ligne de repère D et d'un fil à plomb suspendu au sommet.

Niveau à perpendicule.

Fig. 55.

Pour fixer horizontalement une assise de pierre ou un meuble, par exemple, on place d'abord une règle sur cette assise ou sur ce meuble, puis le niveau sur la règle.

Lorsque le fil à plomb passe sur la ligne de repère de la traverse, la direction de l'assise ou du meuble est horizontale.

58. Niveau à bulle d'air. Le *niveau à bulle d'air* est formé d'un tube de verre, légèrement renflé vers le milieu et contenant une bulle d'air.

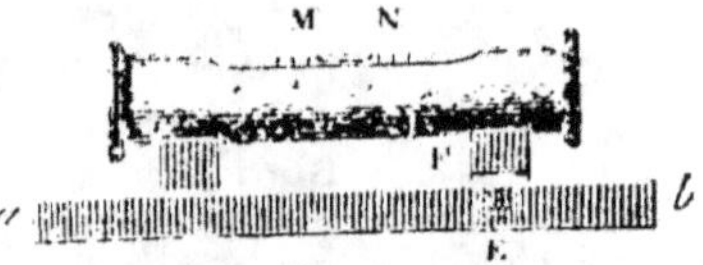

Niveau à bulle d'air.

Fig. 56.

Ce tube de verre est placé dans une garniture de cuivre fixée elle-même à une règle *ab* (fig. 56), qui doit être horizontale lorsque la bulle d'air vient occuper le milieu du tube.

Le niveau à bulle d'air remplace souvent le niveau de maçon.

Pour mettre de niveau une pierre de taille, une pièce de bois, un meuble, on pose sur l'objet le niveau à bulle d'air et on voit quelles sont les parties que l'on doit relever ou baisser.

Lorsqu'il s'agit d'une surface, il faut vérifier l'horizontalité en mettant le niveau dans diverses positions.

59. Niveau d'eau. Le *niveau d'eau* est un tube de fer-blanc ou de laiton ayant environ 1ᵐ20 de long, et dont les deux extrémités, relevées à angle droit, portent des fioles de verre sans fond et de même diamètre (fig. 57).

Niveau d'eau.

Fig. 57.

Le niveau d'eau se pose sur un pied à trois branches.

Dans le tube placé à peu près horizontalement sur son pied, on met de l'eau de manière que le liquide s'élève jusqu'à la moitié de la hauteur des fioles ; la surface de l'eau détermine un plan horizontal.

Lorsqu'on veut transporter l'instrument d'une station à une autre, on bouche l'une des fioles pour que l'eau ne s'écoule pas. Il faut enlever le bouchon chaque fois qu'on doit viser la mire.

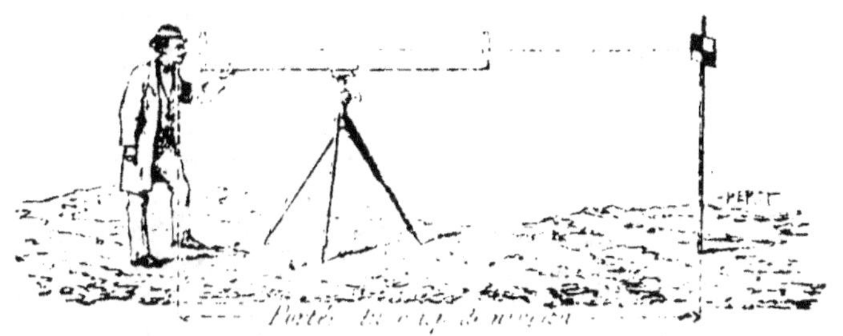

Manière de viser.

Fig. 58.

Afin de distinguer plus facilement la surface du liquide, on emploie parfois de l'eau rougie.

Pendant l'hiver, on l'alcoolise afin d'en prévenir la congélation.

60. Manière de viser. Après avoir mis le niveau en station sur le pied à trois branches, l'opérateur attend que l'eau soit en équilibre, et, se mettant à une faible distance de l'une des fioles, il vise tangentiellement.

61. Mire. La *mire* est une règle de deux ou quatre mètres, divisée en centimètres, et munie d'une plaque nommée *voyant*, qui peut glisser le long de la règle (fig. 59).

La visée de niveau se fait sur le milieu du voyant.

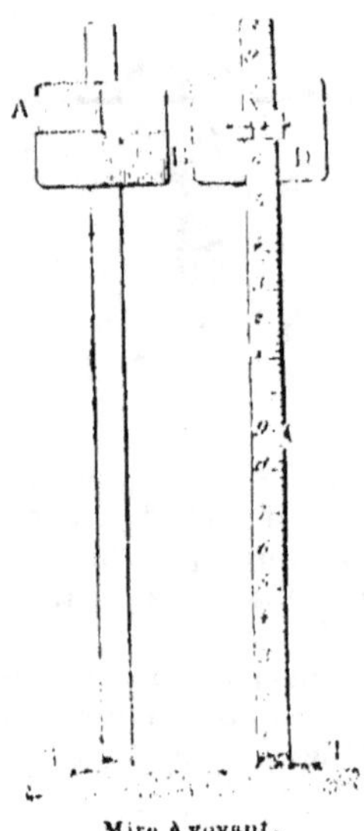

Mire à voyant.

Fig. 59

Nivellement de deux points.

62. On place le niveau entre les deux points, et à peu près à égale distance de ces deux points et sur la droite qui les joint.

On fait mettre successivement la mire à chacun des points donnés, afin de déterminer la distance de chacun d'eux à la ligne de niveau *ab* (fig. 60). Soit $Aa = 1^m 75$, $Bb = 0^m 60$.

La différence de niveau de ces deux points est égale à

$$1^m 75 - 0^m 60 = 1^m 15.$$

Ainsi le point B est à $1^m 15$ au-dessus du point A.

(Lorsque les deux points à niveler sont à une distance de plus de 50 mètres, ou que leur différence de niveau est trop grande, on procède par plusieurs stations du niveau. — Voir au nivellement composé, dans le *Manuel d'arpentage*.)

63. Nivellement d'une cour. Lorsqu'on veut *niveler* une cour ou une partie de terrain, on emploie de petites *mires* appelées *nivelettes*.

Ces nivelettes sont des tiges de bois de 50 à 60 centimètres, au haut desquelles sont fixés des *voyants*.

Nivellement de deux points.

Fig. 60.

Un pied en équerre permet à ces nivelettes de se maintenir verticales.

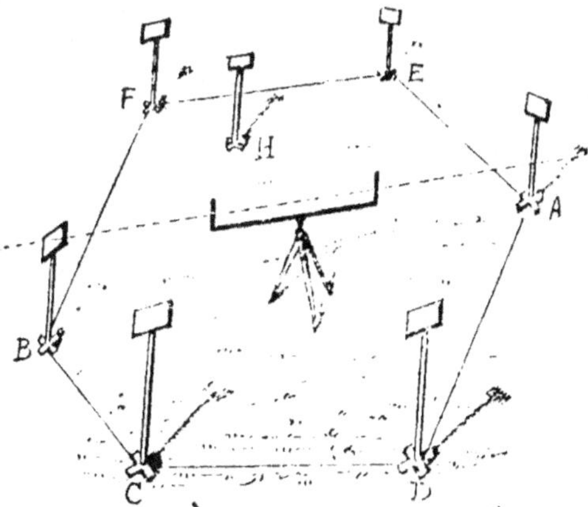

Nivellement d'une cour.

Fig. 61.

Pour opérer, on met le niveau en station, et on vise une nivelette placée au point le plus bas du terrain. Soit ici le point B (fig. 61).

Puis on vise successivement les nivelettes placées à différents points A, D, E, F... du terrain.

Il est facile de voir qu'au point A il y a à enlever du terrain pour que la nivelette en ce point soit sur l'horizontale du point B.

On opère de la même manière pour les autres points, jusqu'à ce qu'ils soient tous de niveau.

PRINCIPALES FORMULES

Longueur de la circonférence. . . . . $2\pi r.$

Surface du carré. . . . . $S = a^2.$

Surface du rectangle. . . . . $S = bh.$

Surface du parallélogramme . . . . $S = bh.$

Surface du triangle . . . . $S = \dfrac{1}{2} bh.$

Surface du trapèze . . . . $S = h\left(\dfrac{b + b'}{2}\right).$

Surface du polygone régulier. . . . . $S = \dfrac{1}{2} ap.$

Surface du cercle. . . . . . . $S = \text{circonf.} \times \dfrac{1}{2} \text{rayon.}$

Surface du secteur . . . . $S = \text{arc} \times \dfrac{1}{2} \text{rayon.}$

Surface d'une couronne. . . . . . $S = \pi(R^2 - r^2).$

Surface de l'ellipse . . . . $S = \pi ab.$

Volume du cube . . . . $V = a^3.$

Volume du prisme . . . . $V = \text{base} \times h.$

Volume de la pyramide . . . . $V = \dfrac{1}{3} bh.$

Tronc de pyramide à bases parallèles. $V = \dfrac{1}{3} h\left(B + B' + \sqrt{BB'}\right).$

Surface latérale du cylindre . . . . $S = 2\pi rh.$

Volume du cylindre. . . . . $V = \pi r^2 h.$

Surface latérale du cône . . . . $S = \pi rl.$

Volume du cône. . . . . $V = \pi r^2 \times \dfrac{1}{3} h.$

Surface latérale du tronc de cône. . . . $S = \pi(r + r')l.$

Volume du tronc de cône. . . . $V = \dfrac{\pi h}{3}(r^2 + r'^2 + rr').$

Surface de la sphère. . . . . $S = 4\pi r^2 = \pi d^2.$

Volume de la sphère. . . . . . $S = \dfrac{4}{3}\pi r^3 = \dfrac{1}{6}\pi d^3.$

REPRÉSENTATION D'UNE MAISON

Une maison se représente généralement par plusieurs dessins, que l'on nomme *plan*, *élévation de face*, *élévation de côté*, *coupe longitudinale*, *coupe transversale*, *profil*.

ÉLÉVATION DE FACE (fig. B).

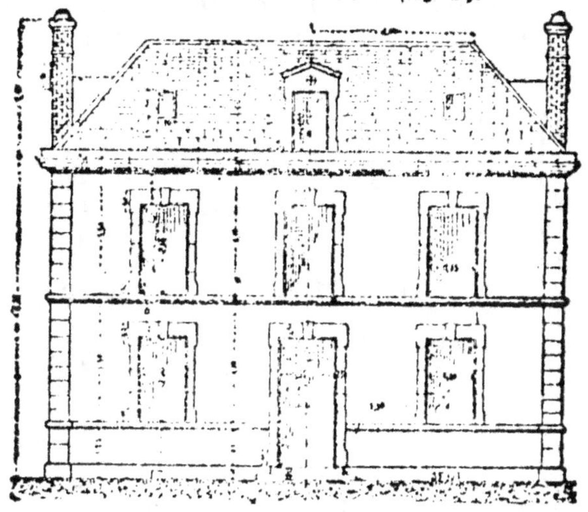

PLAN (fig. A).

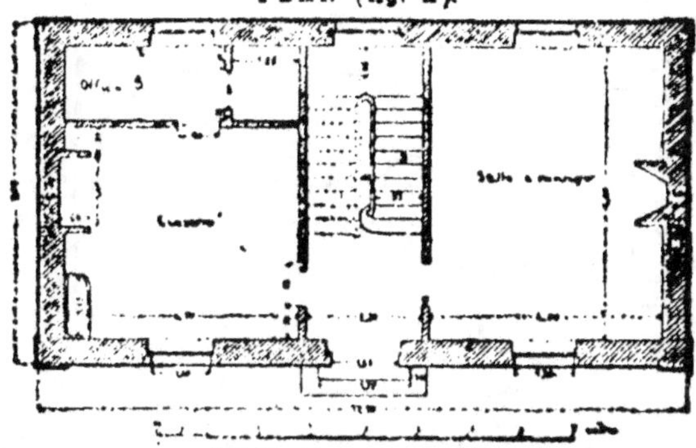

Échelle des figures A et B.

Chacun de ces dessins est fait d'après une échelle déterminée.

On appelle *plan* le dessin qui représente la maison supposée coupée par un plan horizontal à une hauteur déterminée (fig. A).

Il y a le *plan des caves et des fondations*, le *plan du rez-de-chaussée*, le *plan du premier étage*, du *deuxième étage*, etc.

L'*élévation de face* ou *façade principale* est le dessin qui représente la maison vue de face (fig. B).

L'élévation de côté représente la maison vue sur un côté.

La *coupe* est le dessin de la maison supposée coupée par un plan vertical. Si la section est faite dans le sens de la longueur, c'est la *coupe longitudinale* ; si la coupe est faite dans le sens de la largeur, c'est la *coupe transversale* (fig. C).

COUPE TRANSVERSALE (fig. C).

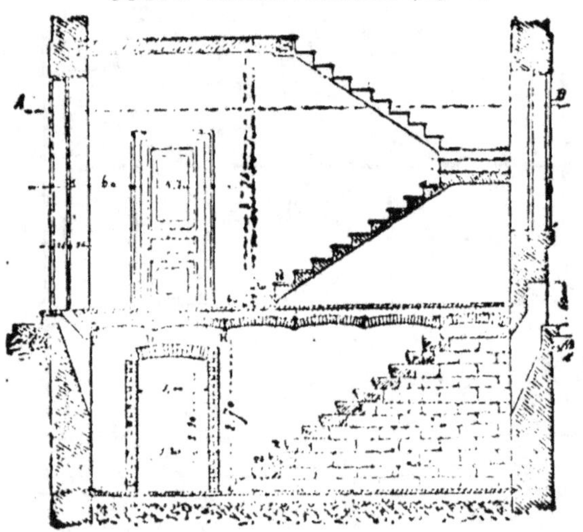

PLAN DE L'ESCALIER (fig. D)

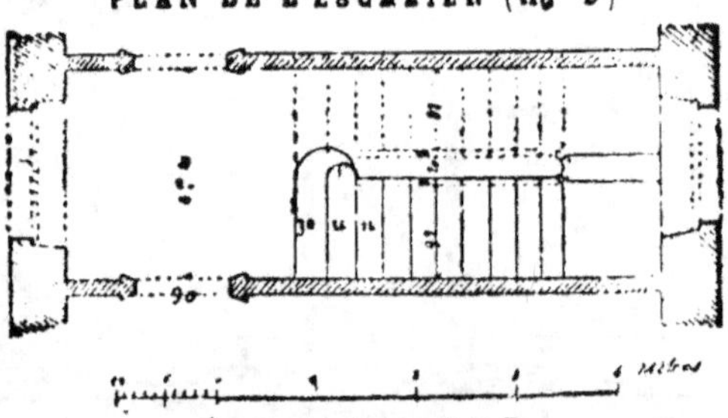

Échelle des figures C et D.

On appelle *profil* le dessin des moulures qui ornent la maison.

On représente quelquefois par un dessin particulier les détails importants d'une maison, comme serait, par exemple, une porte, une croisée, une cheminée, un escalier (fig. D).

TABLE DES MATIÈRES

GÉOMÉTRIE DANS L'ESPACE

38774. — Tours, impr. MAME.

EXTRAIT DU CATALOGUE

ARITHMÉTIQUE
ENSEIGNEMENT PRIMAIRE

2ᵉ SÉRIE (Nouvelle)

ARITHMÉTIQUE — COURS ÉLÉMENTAIRE; in-18.
ARITHMÉTIQUE — COURS MOYEN; in-16.
ARITHMÉTIQUE — COURS SUPÉRIEUR; in-12.

1ʳᵉ SÉRIE (Ancienne)

PETITE ARITHMÉTIQUE, ou les quatre règles, in-18.
ABRÉGÉ D'ARITHMÉTIQUE DÉCIMALE, contenant les définitions, les
calcul, des exemples de calcul mental et le système métrique; in-
EXERCICES DE CALCUL sur les quatre opérations; in-18.
RECUEIL DE PROBLÈMES sur les quatre règles; in-18.
LES FRACTIONS ET LES PROBLÈMES résolus par l'unité; in-18.
PETIT SYSTÈME MÉTRIQUE, avec figures et problèmes; in-18.
NOUVEAU TRAITÉ D'ARITHMÉTIQUE et du système métrique,
plus de 2 000 problèmes; in-12.
RECUEIL DE PROBLÈMES; in-12.

MATHÉMATIQUES
ENSEIGNEMENT PRIMAIRE

ABRÉGÉ DU COURS DE GÉOMÉTRIE appliquée au dessin linéaire; in-
GÉOMÉTRIE — COURS ÉLÉMENTAIRE; in-12.
GÉOMÉTRIE — COURS MOYEN; in-12.
GÉOMÉTRIE — COURS SUPÉRIEUR; in-12.
MANUEL D'ARPENTAGE; in-12.
PREMIÈRES NOTIONS D'ALGÈBRE; in-12.
MANUEL D'ALGÈBRE ET DE TRIGONOMÉTRIE; in-12.

ENSEIGNEMENT PRIMAIRE SUPÉRIEUR
ET ENSEIGNEMENT SECONDAIRE

ÉLÉMENTS D'ARITHMÉTIQUE; IN-12.
ÉLÉMENTS D'ALGÈBRE; in-12.
ÉLÉMENTS DE GÉOMÉTRIE, contenant des notions sur les courbes
et de nombreux exercices; in-12.
ÉLÉMENTS DE TRIGONOMÉTRIE RECTILIGNE; in-12.
ÉLÉMENTS DE GÉOMÉTRIE DESCRIPTIVE; in-12.
ÉLÉMENTS DE COSMOGRAPHIE; in-12.
ÉLÉMENTS DE MÉCANIQUE; in-12.
TABLES DE LOGARITHMES à cinq décimales; in-12.
COURS D'ALGÈBRE ÉLÉMENTAIRE. (Programmes de 1902.)
COURS DE GÉOMÉTRIE ÉLÉMENTAIRE. (Programmes de 1902.)

Tours. — Impr. Mame.

www.ingramcontent.com/pod-product-compliance
Lightning Source LLC
LaVergne TN
LVHW051011200726
843508LV00001B/217